Freiler | Marsik | Olf | Wittberger

öbv

Lösungswege

Mathematik Oberstufe

8

Lösungsheft

www.oebv.at

Hinweise zum Gebrauch des Lösungshefts:

Das Lösungsheft ist zur Kontrolle und nicht zum Abschreiben gedacht. Arbeite deshalb ehrlich, löse jede Aufgabe selbstständig und kontrolliere erst dann die Ergebnisse.

Zu den Aufgaben, die im Lösungsheft mit dem Symbol gekennzeichnet sind, stehen die durchgerechten Lösungen und zusätzliche Erklärungen im Lehrwerk-Online der Lösungswege zur Verfügung. Die grauen Markierungen zeigen dir genau an, welche Unternummern durchgerechnet auf **www.oebv.at** zu finden sind. Die Online-Codes am Anfang jedes Kapitels im Lösungsheft führen dich direkt zu den durchgerechneten Lösungen jenes Kapitels.

Die Figuren im Lösungsheft sind meist verkleinert dargestellt, sodass aus ihnen keine Längen entnommen werden können.

Das Lösungsheft wurde mit großer Sorgfalt erstellt. Sollten trotzdem Fehler passiert sein, so bitten wir, dies dem Verlag (Österreichischer Bundesverlag Schulbuch GmbH & Co. KG; E-Mail: ahs@oebv.at) mitzuteilen. Wünsche und Anregungen werden ebenfalls gerne entgegengenommen.

1 Stammfunktionen

Kapitel 1
z9y8sd

1. a) $f'(x) = 0$ b) $f'(x) = 4$ c) $f'(x) = 3\cos(3x)$ d) $f'(x) = -5\sin(5x)$ e) $f'(x) = -12x^2$ f) $f'(x) = -5x^4 + 12x^2$ g) $f'(x) = -4e^{-4x}$ h) $f'(x) = 15e^{-3x}$

2. a) $v(t) = 12$ $a(t) = 0$
b) $v(t) = -10t$ $a(t) = -10$
c) $v(t) = 12 + 10t$ $a(t) = 10$

3. a) z.B. $(3x + 5x)' = (8x)' = 8$ $(3x)' + (5x)' = 3 + 5 = 8$
b) z.B. $(8 \cdot 5x)' = (40x)' = 40$ $8 \cdot (5x)' = 8 \cdot 5 = 40$
c) z.B. $f(x) = x^2, k = 5$ $f(5 \cdot x)' = (25x^2)' = 50x$
$f'(x) = 2x, f'(5 \cdot x) = 10x$ $5 \cdot f'(5 \cdot x) = 5 \cdot 10x = 50x$

4. Musteraufgabe

5. a) 1B, 2C, 3E, 4D
b) 1A, 2F, 3B, 4C

6. a) $F(x) = 7x + c$ b) $F(x) = -12x + c$ c) $F(x) = -2x^2 + c$ d) $F(x) = 6x^2 + c$ e) $F(x) = -x^3 + c$ f) $F(x) = -4x^3 + c$ g) $F(x) = \frac{e^{4x}}{4} + c$ h) $F(x) = -\frac{e^{-7x}}{7} + c$

7. B, C, E

8. Musteraufgabe

9. a) $F(x) = -3x + c$ b) $F(x) = -12x + c$ c) $F(x) = \frac{x^5}{5} + c$ d) $F(x) = -\frac{x^{-11}}{11} + c$ e) $F(x) = -\frac{x^{-132}}{132} + c$ f) $F(x) = \frac{x^{24}}{24} + c$ g) $F(x) = \frac{x^{26}}{26} + c$ h) $F(x) = \frac{x^2}{2} + c$

10. a) $\frac{5x^{\frac{7}{5}}}{7} + c$ b) $\frac{4x^{\frac{7}{4}}}{7} + c$ c) $3x^{\frac{1}{3}} + c$ d) $5x^{\frac{1}{5}} + c$ e) $\frac{6x^{\frac{7}{6}}}{7} + c$ f) $\frac{5x^{\frac{3}{5}}}{3} + c$ g) $\ln|x| + c$ h) $\frac{9x^{\frac{22}{9}}}{22} + c$

11. Musteraufgabe

12. a) z.B. $F_1(x) = \frac{x^5}{5} + \frac{x^4}{4} + 4x$ $F_2(x) = \frac{x^5}{5} + \frac{x^4}{4} + 4x + 2$ $F_3(x) = \frac{x^5}{5} + \frac{x^4}{4} + 4x + 1$
(Summenregel)

b) z.B. $F_1(x) = \frac{x^5}{5} - \frac{x^3}{3} - \frac{x^2}{2} - x$ $F_2(x) = \frac{x^5}{5} - \frac{x^3}{3} - \frac{x^2}{2} - x + 2$ $F_3(x) = \frac{x^5}{5} - \frac{x^3}{3} - \frac{x^2}{2} - x + 1$
(Differenzenregel)

c) z.B. $F_1(x) = \frac{x^6}{30} - \frac{x^4}{6} + \frac{x^2}{2}$ $F_2(x) = \frac{x^6}{30} - \frac{x^4}{6} + \frac{x^2}{2} + 2$ $F_3(x) = \frac{x^6}{30} - \frac{x^4}{6} + \frac{x^2}{2} + 1$
(Regel vom konstanten Faktor, Summenregel, Differenzenregel)

d) z.B. $F_1(x) = \frac{-6x^7}{35} + \frac{4x^5}{15} - x^2 + 3x$ $F_2(x) = \frac{-6x^7}{35} + \frac{4x^5}{15} - x^2 + 3x + 2$
$F_3(x) = \frac{-6x^7}{35} + \frac{4x^5}{15} - x^2 + 3x + 1$
(Regel vom konstanten Faktor, Summen- und Differenzenregel)

e) z.B. $F_1(x)=\frac{x^6}{3}+\frac{3x^5}{5}-x^2+15x$ $F_2(x)=\frac{x^6}{3}+\frac{3x^5}{5}-x^2+15x+2$ $F_3(x)=\frac{x^6}{3}+\frac{3x^5}{5}-x^2+15x+1$
(Regel vom konstanten Faktor, Summen- und Differenzenregel)

f) z.B. $F_1(x)=\frac{-7x^8}{24}+\frac{x^5}{25}-\frac{x^2}{3}$ $F_2(x)=\frac{-7x^8}{24}+\frac{x^5}{25}-\frac{x^2}{3}+2$ $F_3(x)=\frac{-7x^8}{24}+\frac{x^5}{25}-\frac{x^2}{3}+1$
(Regel vom konstanten Faktor, Summen- und Differenzenregel)

13. Es wurden jeweils folgende Regeln verwendet: Summenregel, Differenzenregel, Regel vom konstanten Faktor.

a) $F(x)=6x^{-2}+2\ln|x|-5x+c$

b) $F(x)=\frac{4x^{\frac{3}{2}}}{3}+2\ln|x|-5x+c$

c) $F(x)=\frac{x^{-4}}{4}-\frac{2x^{-3}}{3}-x^2+c$

d) $F(x)=\frac{-21x^{\frac{2}{3}}}{2}+\frac{10x^{\frac{3}{5}}}{3}-\frac{x^2}{2}+c$

14. (1) $f(x)=\frac{1}{3}\cdot(x^2-5x+3)$ (2) $F(x)=\frac{1}{3}\cdot\left(\frac{1}{3}x^3-\frac{5}{2}x^2+3x\right)+c$

15. Konstantenregel – Beweis:

$$\left(\frac{1}{k}\cdot F(k\cdot x)\right)'=\frac{1}{k}\cdot F(k\cdot x)'=\frac{1}{k}\cdot k\cdot F'(k\cdot x)=f(k\cdot x)$$

Regel vom konstanten Faktor – Beweis:

$$(k\cdot F)'=k\cdot F'=k\cdot f$$

16. Musteraufgabe

17. Es wurden jeweils die Konstantenregel sowie die Regel vom konstanten Faktor verwendet.

a) $-\frac{3e^{4x}}{4}+c$ **c)** $-\frac{5e^{-12x}}{12}+c$ **e)** $-\frac{e^{3x}}{4}+c$

b) $-\frac{e^{-8x}}{4}+c$ **d)** $-\frac{2e^{-x}}{3}+c$ **f)** $-\frac{5e^{-11x}}{11}+c$

18. Es wurden jeweils die Konstantenregel sowie die Regel vom konstanten Faktor verwendet.

a) $-\frac{2}{3}\sin(3x)+c$ **c)** $6\sin(2x)+c$ **e)** $-\frac{4}{3}\cos(6x)+c$

b) $\frac{5}{7}\sin(7x)+c$ **d)** $-3\cos(2x)+c$ **f)** $2\cos(3x)+c$

19. **a)** $\frac{3e^{-2x}}{2}-2\cdot\cos(2x)+c$ **c)** $-e^{-ax}-\cos(bx)+c$

b) $-\frac{3e^{-2x}}{2}+\frac{5}{3}\cdot\sin(3x)+c$ **d)** $e^{-2ax}+\frac{2}{b}\sin(bx)+c$

20. E

21. **a)** $\frac{3t^2}{2}-4t+c$ **c)** $3at-\frac{t^2}{2}+c$ **e)** $-2bv+\frac{3v^2}{2}-4v+c$

b) c^3-2c^2+c+d **d)** $\frac{3o^4}{4}-2o^2+c$ **f)** $2us-s$

22. **1)** $(2\cdot\sqrt{f(x)})'=\left(2\cdot f(x)^{\frac{1}{2}}\right)'=2\cdot\frac{1}{2}\cdot f(x)^{-\frac{1}{2}}\cdot f'(x)$ (aufgrund der Kettenregel) → $2\cdot\frac{1}{2}\cdot f(x)^{-\frac{1}{2}}\cdot f'(x)=\frac{f'(x)}{\sqrt{f(x)}}$

2) $2\cdot\sqrt{x^2-4x}+c$

23. **a)** falsch Gegenbeispiel: $f(x)=x$ $F(x)=\frac{x^2}{2}+c$ (F ist quadratisch)

b) richtig, da jede Stammfunktion die Form $F(x)=cx+k$ besitzt und somit linear ist

c) richtig, da jede Stammfunktion die Form $F(x)=c$ besitzt

d) falsch, da z.B. die Stammfunktion der Funktion f mit $f(x)=x^{-1}$ eine Logarithmusfunktion ist

e) richtig, da gilt $\int a\cdot x^r=a\cdot\frac{x^{r+1}}{r+1}+c$

f) falsch, da z.B. die Stammfunktion der Funktion f mit $f(x)=x^{-1}$ eine Logarithmusfunktion ist

24. A, B

25. Musteraufgabe

26. a) $s(t) = 5t^2 - 12$ b) $s(t) = \frac{0{,}4t^3}{3} + \frac{3t^2}{2} - 15$ c) $s(t) = \frac{0{,}7t^3}{3} - 5$

27. a) $F(x) = -\frac{x^2}{2} - 5x - 9{,}5$
b) $F(x) = -\frac{x^3}{3} + \frac{3x^2}{2} - 2x + 3{,}5$
c) $F(x) = -\frac{2x^3}{3} + \frac{x^2}{2} - x + 4$
d) $F(x) = 0{,}17e^{-2x} + 14{,}83$
e) $F(x) = 0{,}04e^{3x} + 3{,}96$
f) $F(x) = -\frac{3}{4} \cdot \cos(4x) + \frac{3}{4}$

28. a) $s(t) = \frac{5t^2}{2} + 12$ b) $s(t) = \frac{5t^3}{6} + \frac{t^2}{2} + 8{,}5t + 7{,}5$

29. a) $H = (-3 \mid 10)$, $T = (1 \mid -0{,}67)$, $W = (-1 \mid 4{,}67)$
Monotonie: streng monoton steigend in: $(-\infty; -3]$, $[1; \infty)$
streng monoton fallend in: $[-3; 1]$
Krümmung: negativ gekrümmt in: $(-\infty; -1]$
positiv gekrümmt in: $[-1; \infty)$

b) $H = (-9 \mid 56{,}7)$, $T = (4 \mid -16{,}53)$, $W = (-2{,}5 \mid 20{,}08)$
Monotonie: streng monoton steigend in: $(-\infty; -9]$, $[4; \infty)$
streng monoton fallend in: $[-9; 4]$
Krümmung: negativ gekrümmt in: $(-\infty; -2{,}5]$
positiv gekrümmt in: $[-2{,}5; \infty)$

c) $H = (0 \mid 0)$, $T_1 = (-1 \mid -2{,}5)$, $T_2 = (1 \mid -2{,}5)$, $W_1 = (-0{,}58 \mid -1{,}39)$, $W_2 = (0{,}58 \mid -1{,}39)$
Monotonie: streng monoton steigend in: $[-1; 0]$, $[1; \infty)$
streng monoton fallend in: $(-\infty; -1]$, $[0; 1]$
Krümmung: negativ gekrümmt in: $[-0{,}58; 0{,}58]$
positiv gekrümmt in: $(-\infty; -0{,}58]$ $[0{,}58; \infty)$

d) $H = (0 \mid 5)$, $T_1 = (-5 \mid -151{,}25)$, $T_2 = (5 \mid -151{,}25)$, $W_1 = (-2{,}89 \mid -81{,}81)$, $W_2 = (2{,}89 \mid -81{,}81)$
Monotonie: streng monoton steigend in: $[-5; 0]$, $[5; \infty)$
streng monoton fallend in: $(-\infty; -5]$, $[0; 5]$
Krümmung: negativ gekrümmt in: $[-2{,}89; 2{,}89]$
positiv gekrümmt in: $(-\infty; -2{,}89]$, $[2{,}89; \infty)$

30. a) $t(x) = 23x + 46$ c) $t(x) = -2x + 5$
b) $t(x) = -11x - 13$ d) $t(x) = -91x + 300$

31. A, B, C, D

32. A, C, E

33. a)

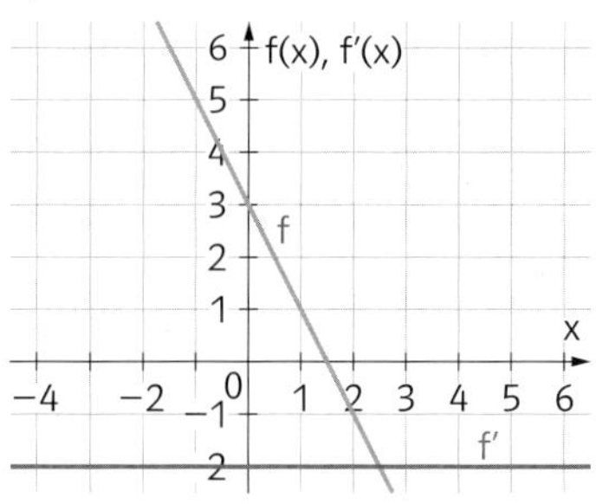

b)

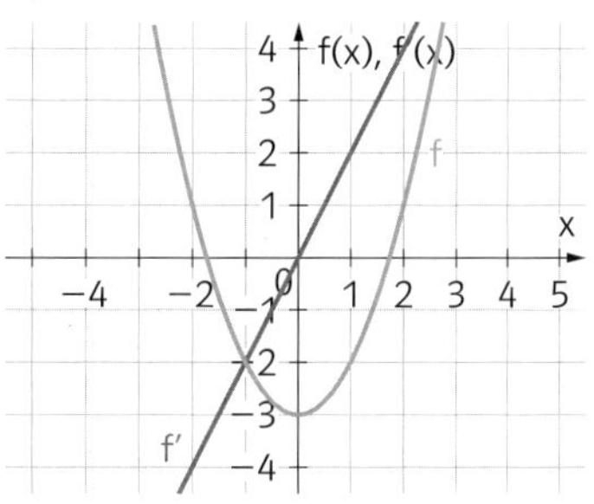

c)

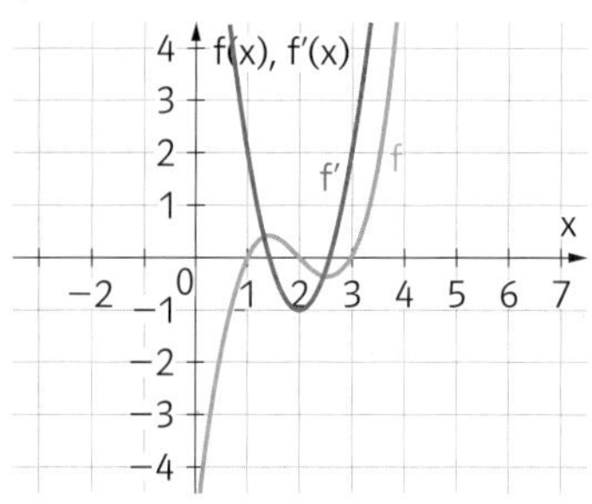

34. a) z.B.

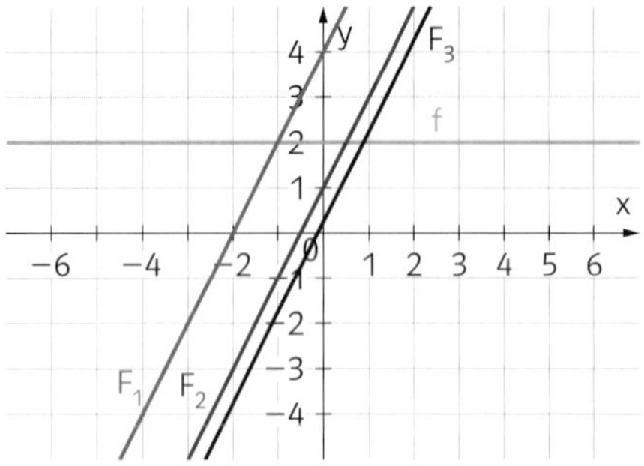

d) z.B.

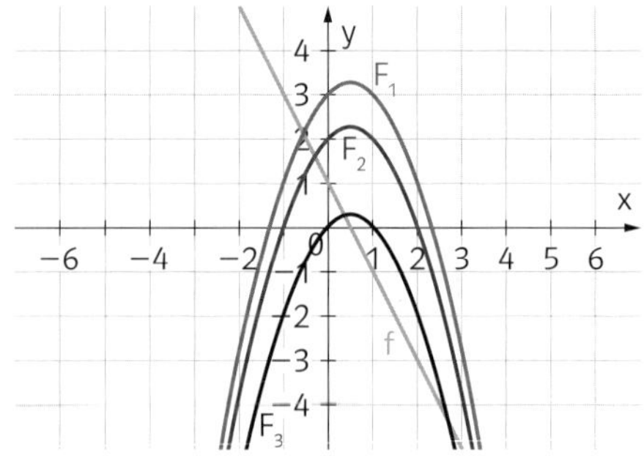

b) z.B.

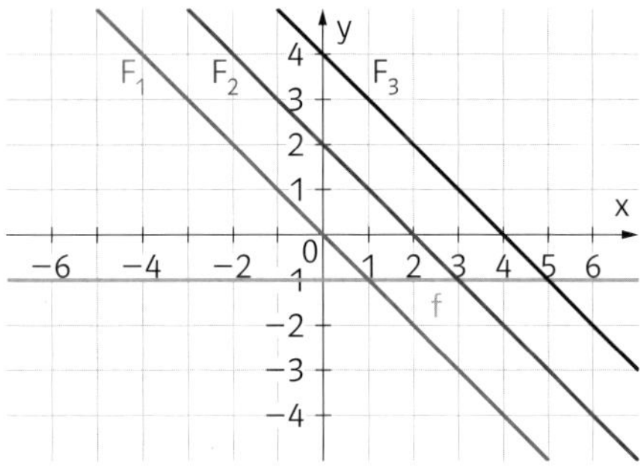

e) z.B.

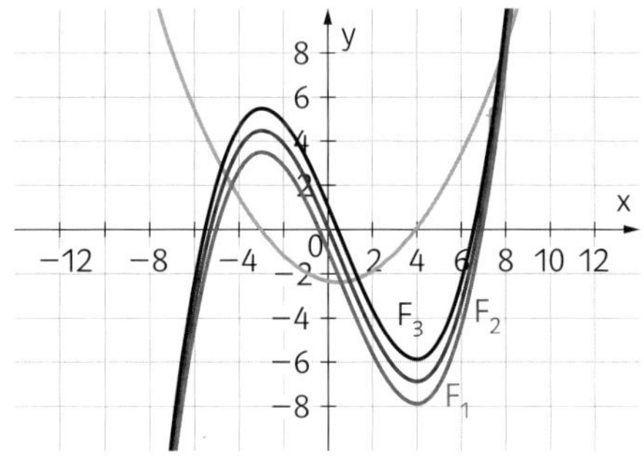

c) z.B.

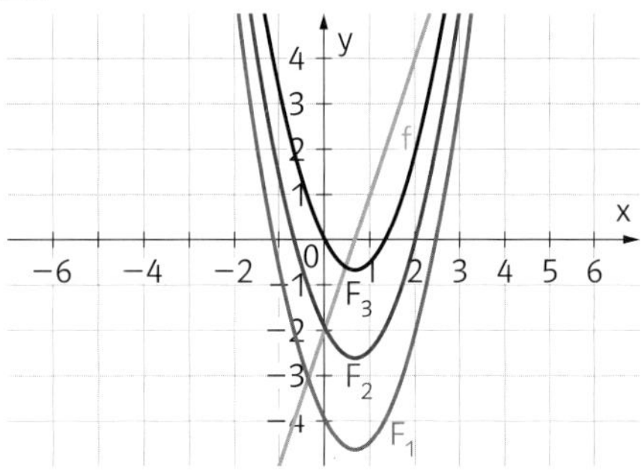

f) z.B.

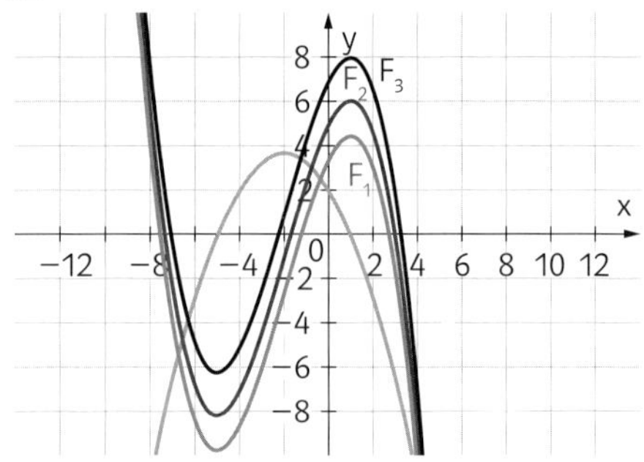

35. a) richtig, da F, G und H dieselbe Ableitungsfunktion besitzen; es gilt: $F'(p) = G'(p) = H'(p) = f(p)$

b) falsch, da z.B. gilt: $F(x) - G(x) = c$, könnten F, G und H an einer bestimmten Stelle nicht denselben Funktionswert besitzen.

c) richtig, da bei den Wendestellen p von F, G und H gelten muss: $f'(p) = 0$

d) falsch, da G eine Stammfunktion von f ist und daher ein anderes Aussehen besitzt

36. a) z.B.

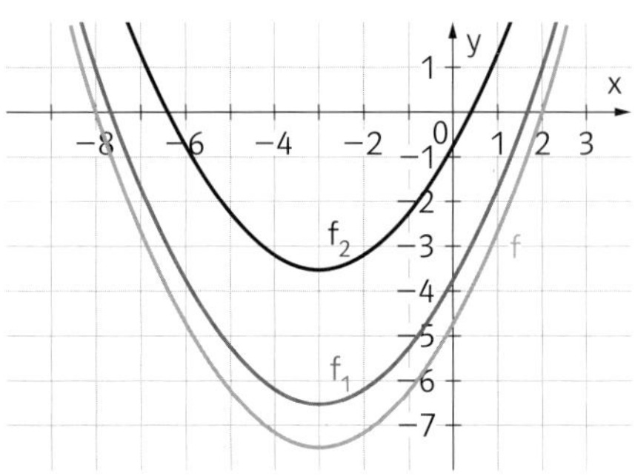

b) z.B.

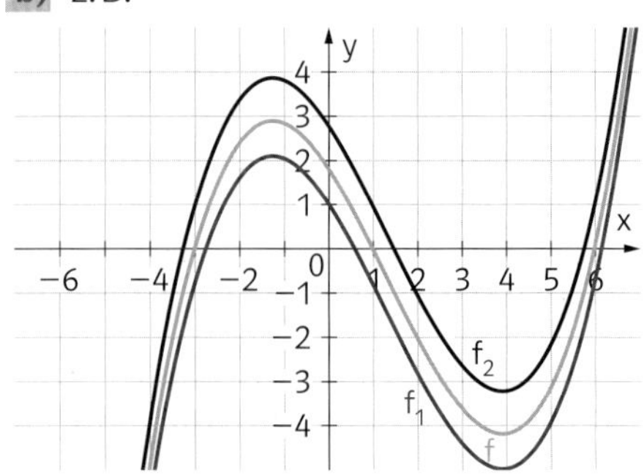

37. B, D

38. **a)** falsch, richtig wäre z.B.: Besitzt f an der Stelle x eine Nullstelle, dann besitzt F an der Stelle x eine Extrem- oder Sattelstelle.
b) falsch, richtig wäre z.B.: Besitzt f an der Stelle x eine Maximumstelle, dann besitzt F an der Stelle x eine Wendestelle.
c) falsch, richtig wäre z.B.: Besitzt f in einem Intervall [a; b] nur positive Funktionswerte, dann ist F in diesem Intervall streng monoton steigend.
d) falsch, richtig wäre z.B.: Ist f eine konstante Funktion mit $f(x) = c$ $(c \neq 0)$, dann ist F sicher keine konstante Funktion.

39. **a)** $f'(x) = 4x - 7$
b) $f'(x) = -20x - 13$
c) $f'(x) = 2x \cdot \cos(x) - x^2 \cdot \sin(x) + 3 \cdot \sin(x)$
d) $f'(x) = 3x \cdot \cos(x) - 5 \cdot \cos(x) + 3 \cdot \sin(x)$

40. **a)** $f'(x) = 72x \cdot (3x^2 - 3)^{11}$
b) $f'(x) = -120x \cdot (2 - 6x^2)^9$
c) $f'(x) = (-6x + 5) \cdot \sin(3x^2 - 5x)$
d) $f'(x) = 4x \cdot \cos(2x^2 - 5)$

41. Musteraufgabe

42. **a)** $\frac{(3x-1)^9}{27} + c$
b) $-\frac{(2-5x)^{20}}{100} + c$
c) $-\frac{(3-x)^6}{6} + c$
d) $\frac{(4x-8)^{23}}{92} + c$
e) $-\frac{(1-12x)^{24}}{288} + c$
f) $\frac{1}{2} \cdot \ln|2x - 4| + c$
g) $-\frac{1}{4} \cdot \ln|1 - 4x| + c$
h) $-\frac{1}{5} \cdot \ln|3 - 5x| + c$
i) $-\frac{1}{22(2x-3)^{11}} + c$

43. Musteraufgabe

44. **a)** $\frac{5}{2}x^2 \cdot \ln(2x) - \frac{5}{4}x^2 + c$
b) $\frac{3}{2}x^2 \cdot \ln(4x) - \frac{3}{4}x^2 + c$
c) $-\frac{1}{2}x \cdot \cos(2x) + \frac{1}{4} \cdot \sin(2x) + c$
d) $\frac{1}{2}x \cdot \sin(2x) + \frac{1}{4} \cdot \cos(2x) + c$
e) $-\frac{3}{4}x \cdot \cos(4x) + \frac{3}{16} \cdot \sin(4x) + c$
f) $3x \cdot \sin(2x) + \frac{3}{2} \cdot \cos(2x) + c$

45. **a)**

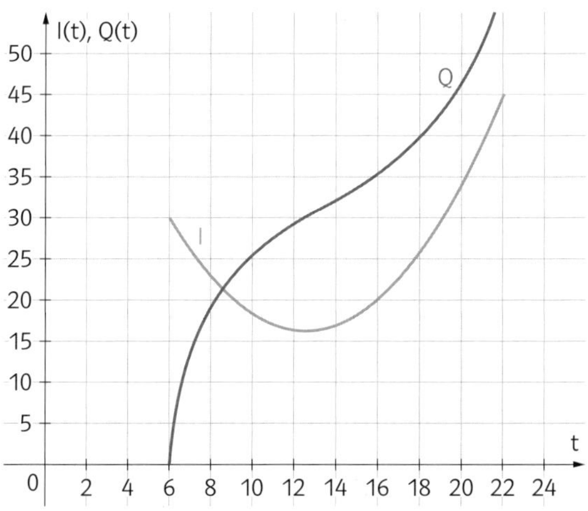

b) $Q(t) = -\frac{1}{1800}t^3 - \frac{1}{1200}t^2 + 0{,}15t + c$ 0,45 C
c) B, C

46.–55. Selbstkontrolle (Lösungen im Schulbuch)

2 Der Hauptsatz der Differential- und Integralrechnung

Kapitel 2
b367z6

56. a) 1) $U_2 = 36, U_3 = 42, U_6 = 48$ $O_2 = 72, O_3 = 66, O_6 = 60$
2) $A = 54$
3) $36 \leq 42 \leq 48 \leq 54 \leq 60 \leq 66 \leq 72$

b) 1) $U_2 = 33, U_3 = 42, U_6 = 51$ $O_2 = 87, O_3 = 78, O_6 = 69$
2) $A = 60$
3) $33 \leq 42 \leq 51 \leq 60 \leq 69 \leq 78 \leq 87$

c) 1) $U_2 = 42, U_3 = 54, U_6 = 66$ $O_2 = 114, O_3 = 102, O_6 = 90$
2) $A = 78$
3) $42 \leq 54 \leq 66 \leq 78 \leq 90 \leq 102 \leq 114$

d) 1) $U_2 = 18, U_3 = 24, U_6 = 30$ $O_2 = 54, O_3 = 48, O_6 = 42$
2) $A = 36$
3) $18 \leq 24 \leq 30 \leq 36 \leq 42 \leq 48 \leq 54$

e) 1) $U_2 = 21, U_3 = 24, U_6 = 27$ $O_2 = 39, O_3 = 36, O_6 = 33$
2) $A = 30$
3) $21 \leq 24 \leq 27 \leq 30 \leq 33 \leq 36 \leq 39$

f) 1) $U_2 = 18, U_3 = 24, U_6 = 30$ $O_2 = 54, O_3 = 48, O_6 = 42$
2) $A = 36$
3) $18 \leq 24 \leq 30 \leq 36 \leq 42 \leq 48 \leq 54$

57. a) 1) $U_2 = 9{,}8, U_4 = 13{,}5, U_8 = 15{,}48$ $O_2 = 26{,}6, O_4 = 21{,}9, O_8 = 19{,}68$
2) Es gilt: $U_2 < U_4 < U_8 < O_8 < O_4 < O_2$
3) $O_2 - U_2 = 16{,}8$ $O_4 - U_4 = 8{,}4$ $O_8 - U_8 = 4{,}19$
Die Ergebnisse werden immer kleiner.

b) 1) $U_2 = 26{,}25, U_3 = 32, U_6 = 37{,}25$ $O_2 = 53{,}25, O_3 = 50, O_6 = 46{,}25$
2) Es gilt: $U_2 < U_3 < U_6 < O_6 < O_3 < O_2$
3) $O_2 - U_2 = 27$ $O_3 - U_3 = 18$ $O_6 - U_6 = 9$
Die Ergebnisse werden immer kleiner.

c) 1) $U_2 = 5{,}89, U_3 = 6{,}76, U_6 = 7{,}96$ $O_2 = 18{,}75, O_3 = 15{,}33, O_6 = 12{,}25$
2) Es gilt: $U_2 < U_3 < U_6 < O_6 < O_3 < O_2$
3) $O_2 - U_2 = 12{,}86$ $O_3 - U_3 = 8{,}57$ $O_6 - U_6 = 4{,}29$
Die Ergebnisse werden immer kleiner.

d) 1) $U_2 = 3{,}98, U_3 = 4{,}08, U_6 = 4{,}22$ $O_2 = 5{,}1, O_3 = 4{,}83, O_6 = 4{,}59$
2) Es gilt: $U_2 < U_3 < U_6 < O_6 < O_3 < O_2$
3) $O_2 - U_2 = 1{,}12$ $O_3 - U_3 = 0{,}75$ $O_6 - U_6 = 0{,}37$
Die Ergebnisse werden immer kleiner.

58. a) $U_2 = 21, U_3 = 22, U_6 = 22$ $O_2 = 36, O_3 = 32, O_6 = 31$
b) $U_2 = 15, U_3 = 16, U_6 = 20$ $O_2 = 33, O_3 = 30, O_6 = 22$

59. a) 1) $U_2 = -24, U_4 = -18$ $O_2 = 0, O_4 = -6$
2) Da es in diesem Intervall negative Funktionswerte gibt, ist der erhaltene Wert keine Annäherung für den Flächeninhalt.

b) 1) $U_3 = -6{,}37, U_6 = -4{,}06$ $O_3 = 2{,}16, O_6 = 0{,}21$
2) Da es in diesem Intervall negative Funktionswerte gibt, ist der erhaltene Wert keine Annäherung für den Flächeninhalt.

60. Musteraufgabe

61. **a)** 4051 **b)** 641 **c)** 101123 **d)** 107 **e)** 28 **f)** 18

62.
a) **1)** obere Grenze: −17 untere Grenze: −22 **2)** $4x-7$ **3)** x
b) **1)** obere Grenze: 35 untere Grenze: 12 **2)** $(3x-5)^2$ **3)** x
c) **1)** obere Grenze: 4 untere Grenze: 2 **2)** $\sin(4t)$ **3)** t
d) **1)** obere Grenze: 6 untere Grenze: 0 **2)** $-2axb+t$ **3)** t

63.
a) $7{,}23 \leq \int_2^5 f(x)\,dx \leq 8{,}55$ **c)** $21{,}95 \leq \int_1^9 f(x)\,dx \leq 32{,}61$
b) $89{,}25 \leq \int_1^8 f(x)\,dx \leq 105$ **d)** $6{,}13 \leq \int_0^3 f(x)\,dx \leq 7{,}87$

64. A, C, E

65. Musteraufgabe

66. **a)** $A = \int_0^{12} f(x)\,dx = 37$ **b)** $A = \int_0^{12} f(x)\,dx = 34$ **c)** $A = \int_0^{12} f(x)\,dx = 26$ **d)** $A = \int_0^{12} f(x)\,dx = 34$

67. A, B, D

68.
a) **1)** $S_4 = 140$; $S_8 = 141$
2) $U_4 = 100$; $U_8 = 120$ $O_4 = 188$; $O_8 = 164$
3) $U_4 < S_4 < O_4$ $U_8 < S_8 < O_8$
b) **1)** $S_3 = 163{,}4$; $S_6 = 163{,}25$
2) $U_3 = 156{,}8$; $U_6 = 160{,}1$ $O_3 = 168{,}8$; $O_6 = 166{,}1$
3) $U_3 < S_3 < O_3$ $U_6 < S_6 < O_6$
c) **1)** $S_2 = 3$; $S_4 = 3{,}15$
2) $U_2 = 2{,}13$; $U_4 = 2{,}57$ $O_2 = 5{,}33$; $O_4 = 4{,}17$
3) $U_2 < S_2 < O_2$ $U_4 < S_4 < O_4$
d) **1)** $S_4 = 20{,}2$; $S_8 = 20{,}32$
2) $U_4 = 19{,}15$; $U_8 = 19{,}66$ $O_4 = 22{,}7$; $O_8 = 21{,}44$
3) $U_4 < S_4 < O_4$ $U_8 < S_8 < O_8$

69. (1) einer Summe (2) Produkten

70. Musteraufgabe

71.
a) **1)** −10 **2)** −8
b) **1)** 12 **2)** 16
c) **1)** 8,29 **2)** 0,29
d) **1)** $-\pi$ **2)** −9,14

72. **a)** 24,5 nein

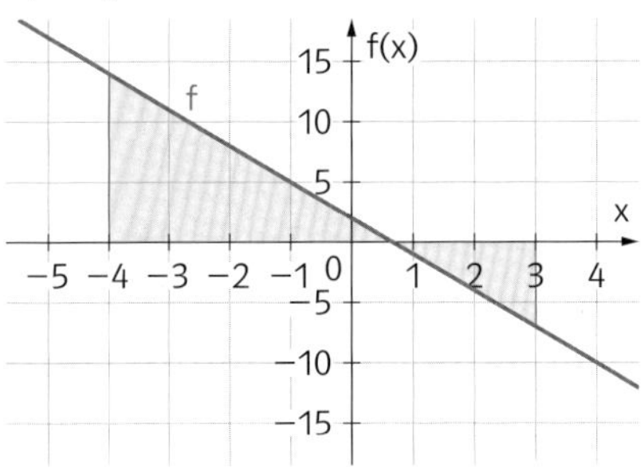

b) 40 ja

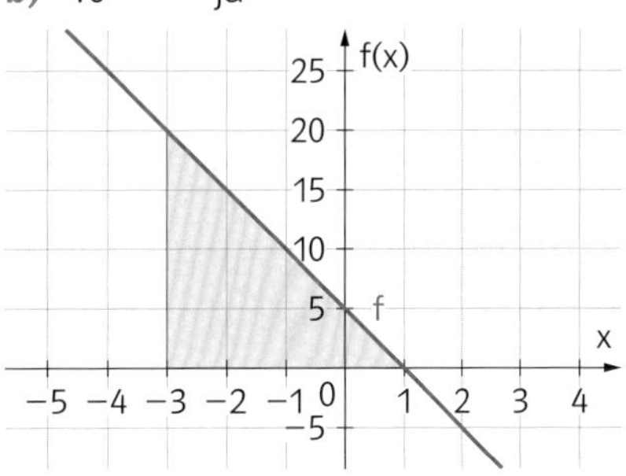

c) 24 ja

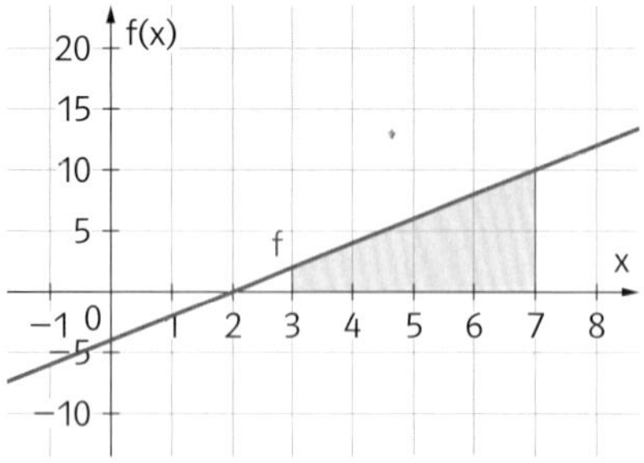

d) 0 nein

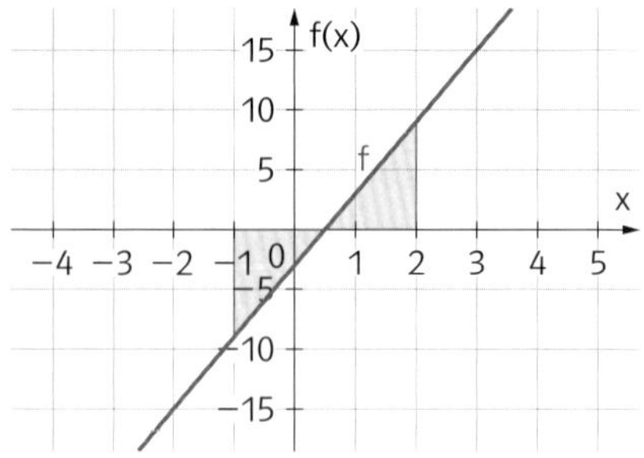

e) 0 nein

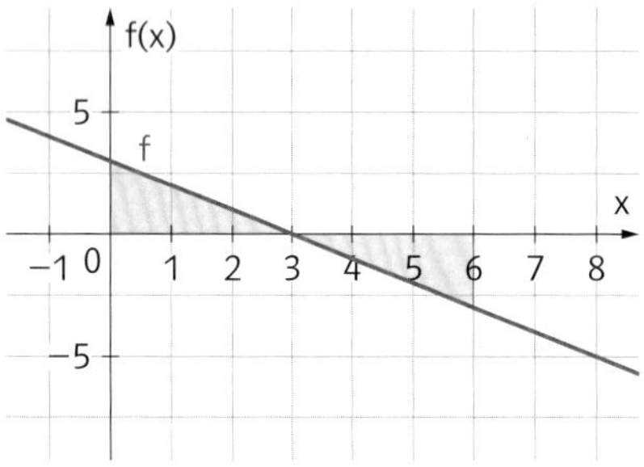

f) 0 nein

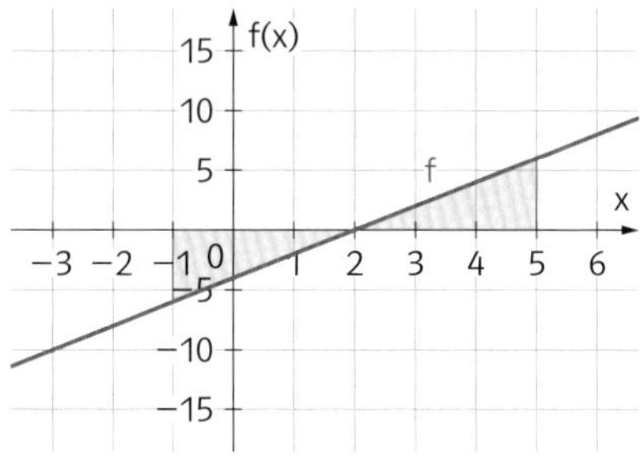

g) −28,5 nein

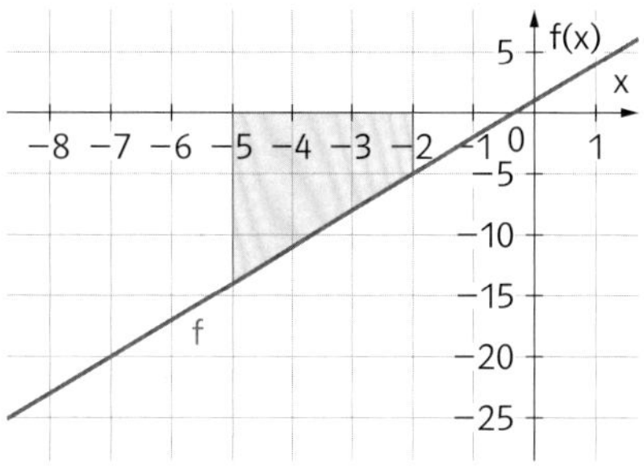

h) −16 nein

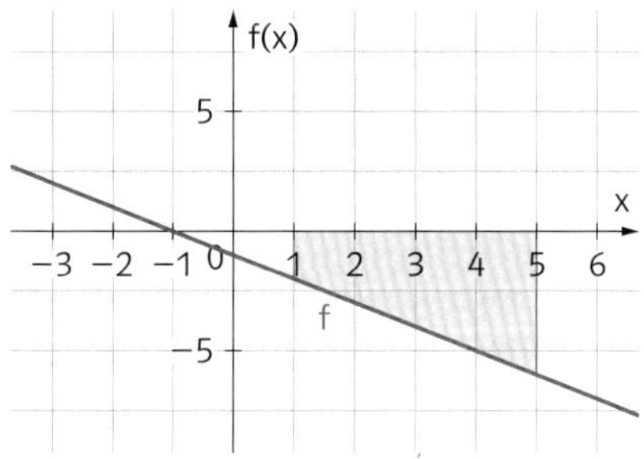

73. Musteraufgabe

74. **a)** Zum Zeitpunkt $t = 16$ fließt kein Wasser aus dem Schwimmbecken, zu den anderen Zeitpunkten sehr wohl. Die Abflussgeschwindigkeit nimmt in den ersten 5 Sekunden zu, dann ca. 3 Sekunden ab, anschließend 2 Sekunden zu und dann wieder ab. Es kann keine Aussage über die Wassermenge, die sich im Becken befindet, gemacht werden.

b) Der Ausdruck gibt jene Wassermenge in Liter an, die in den 14 Sekunden abgelassen wurde.

75. **a)** Der Ausdruck gibt an, wie viel m^3 Wasser nach diesen 140 Minuten mehr im Becken sind als zum Zeitpunkt $t = 0$.

b) $375\,m^3$

c) **i)** falsch, da nach 30 Minuten noch immer Wasser zugeführt wird.

ii) falsch, da bis zu diesem Zeitpunkt Wasser zugeführt wird.

iii) richtig, da nach diesem Zeitpunkt Wasser ausgelassen wird.

iv) richtig, da die Zuflussgeschwindigkeit negativ ist.

v) richtig, da in der ersten halben Stunde $225\,m^3$ Wasser und in der zweiten halben Stunde $450\,m^3$ Wasser ins Becken fließen.

vi) falsch, da die Anfangsmenge nicht bekannt ist.

76. C, D

77. B, C

78. B, C

79. a) Die Dosierung steigt in den ersten beiden Stunden an, ist nach ca. zwei Stunden am stärksten und nimmt anschließend wieder ab.
b) Der Ausdruck gibt an, wie viel mg des Medikaments in den 12 Stunden zugeführt wurde.

80. Musteraufgabe

81. a) 152,25, kein Flächeninhalt
b) 0,44, Flächeninhalt
c) 1250, Flächeninhalt
d) 0,32, Flächeninhalt
e) 2,8, Flächeninhalt
f) 1, Flächeninhalt

82. $\int_a^b k \cdot f(x)\,dx = k \cdot F(x)\Big|_a^b = k \cdot \int_a^b f(x)\,dx$

83. a) 22,67, Flächeninhalt
b) 3,33, Flächeninhalt
c) −6,75, kein Flächeninhalt
d) −36, kein Flächeninhalt
e) 3,6, Flächeninhalt
f) −10,91, kein Flächeninhalt

84. a) −64,39, kein Flächeninhalt
b) −5,46, kein Flächeninhalt
c) 15,36, Flächeninhalt
d) 2,54, Flächeninhalt
e) 0, kein Flächeninhalt
f) −1,12, kein Flächeninhalt
g) 12, Flächeninhalt
h) 0, kein Flächeninhalt
i) −7,05, kein Flächeninhalt
j) 0,29, Flächeninhalt
k) 0,7, Flächeninhalt
l) −0,36, kein Flächeninhalt

85. a) −0,23
b) 0
c) −10,88

86. a) 9,6 m b) 19,8 m c) 11,775 m d) 4,95 m e) 17,2 m

87. a) 1) 2 Sekunden 2) 20 m
b) 1) 4 Sekunden 2) 80 m
c) 1) 2,5 Sekunden 2) 31,25 m
d) 1) 3 Sekunden 2) 45 m

88. 1) 25 Sekunden
2) 50 Sekunden
3) 173,61 m

89. Musteraufgabe

90. a) 10 d) −8 g) 2
b) 3 e) −1 h) −12
c) 9 f) −1 i) 2

91. a) $\int_a^b f(x)\,dx = F(b) - F(a) = -(F(a) - F(b)) = -\int_b^a f(x)\,dx$

b) $\int_a^a f(x)\,dx = F(a) - F(a) = 0$

92. Für eine ungerade Funktion gilt: $f(x) = -f(-x)$ für alle $x \in \mathbb{R}$

$$\int_{-a}^{a} f(x)\,dx = \int_{-a}^{0} f(x)\,dx + \int_{0}^{a} f(x)\,dx = \int_{-a}^{0} -f(-x)\,dx + \int_{0}^{a} -f(-x)\,dx = -F(0) + F(a) - F(a) + F(0) = 0$$

93. a) $\int_a^b f(x)\,dx + \int_a^b f(x)\,dx = 2 \cdot \int_a^b f(x)\,dx$ (Anwendung der Regel (2))

b) $\int_0^2 f(x)\,dx + \int_2^4 f(x)\,dx + \int_2^4 f(x)\,dx + \int_2^4 f(x)\,dx = 3 \cdot \int_2^4 f(x)\,dx + \int_0^2 f(x)\,dx$ (Anwendung der Regel (1))

c) $\int_0^4 2 \cdot f(x)\,dx + \int_0^4 3 \cdot f(x)\,dx + \int_0^4 4 \cdot f(x)\,dx = 2 \cdot \int_0^4 f(x)\,dx + 3 \cdot \int_0^4 f(x)\,dx + 4 \cdot \int_0^4 f(x)\,dx = 9 \cdot \int_0^4 f(x)\,dx$

94. a) $\int_{-1}^{3} (x^2 - 5x + 2)\,dx - \int_{-1}^{3} (x^2 - 5x + 2)\,dx = 0$

b) $\int_{-2}^{4} (4x - 2)\,dx - \int_{-2}^{4} (4x - 2)\,dx = 0$

95. a) $\int_1^7 (-3x + 4)\,dx = -48$

b) $\int_4^4 (-3x)\,dx = 0$

c) $\int_2^6 (-2x)\,dx + \int_2^6 (2x)\,dx = 0$

96. Musteraufgabe

97.

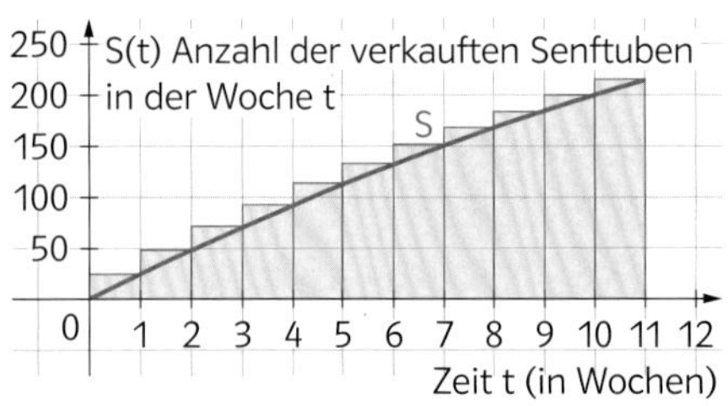

exakt: 1397

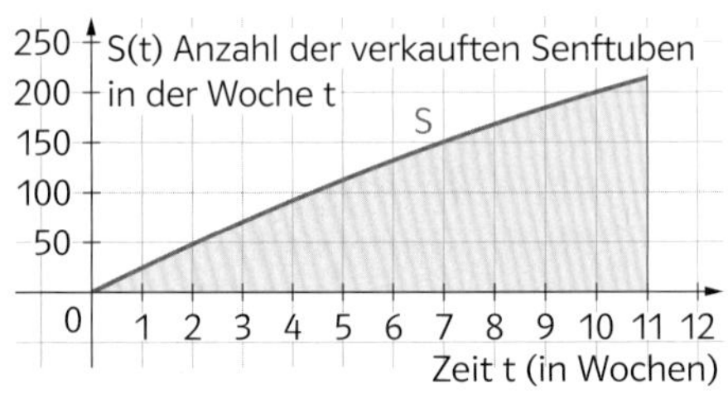

näherungsweise: 1291

98. 1) 300: Anzahl der Besucherinnen und Besucher bei der Öffnung des Parks
1,03: Wachstumsfaktor; Die Anzahl der Personen wächst stündlich um 3 %.
2) exakt: ca. 1999 Besucherinnen und Besucher; mit Integral: 1970 Besucherinnen und Besucher

3) $\int_{3}^{6} Z(t)\,dt$ beschreibt die Anzahl der Besucherinnen und Besucher, die von der 3. bis zur 6. Stunde hinzugekommen sind.

Z(4) beschreibt den Zustrom der Besucherinnen und Besucher nach 4 Stunden.

$\frac{1}{3} \cdot \int_{4}^{7} Z(t)\,dt$ beschreibt den durchschnittlichen Zustrom an Personen pro Stunde im Intervall [4; 7].

$\sum_{0}^{7} Z(t)$ beschreibt den gesamten Zustrom in den ersten sieben Stunden.

99. $\int_{400}^{1400} Z(t)\,dt$ Das ist die Anzahl der Zugriffe im Intervall [400 h; 1400 h]

100. **a)** S(5) beschreibt die Anzahle der Telefonanrufe am 5. Tag.
b) Das ist die Anzahl aller Telefonanrufe in den ersten 40 Tagen.
c) Der Ausdruck beschreibt die Gesamtanzahl der Telefonanrufe in den ersten acht Tagen.
d) Das ist die durchschnittliche Anzahl der Telefonanrufe in den ersten 20 Tagen.

101. Die Fläche stellt die Anzahl der verkauften Tuben von der 5. bis zur 25. Woche dar.

$\int_{5}^{25} f(x)\,dx$

102. Musteraufgabe

103. **a)** 10,67

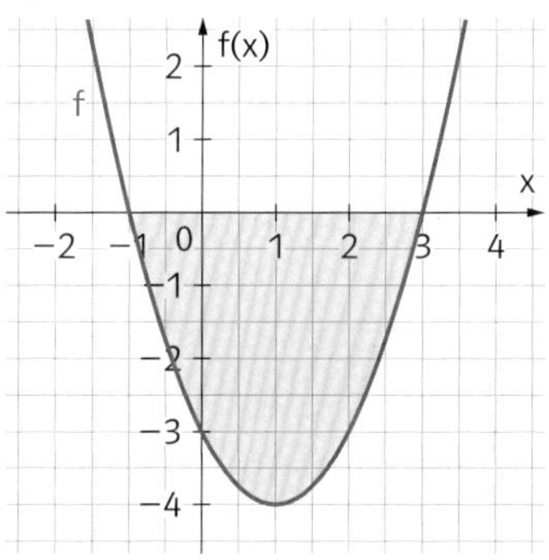

b) 57,17

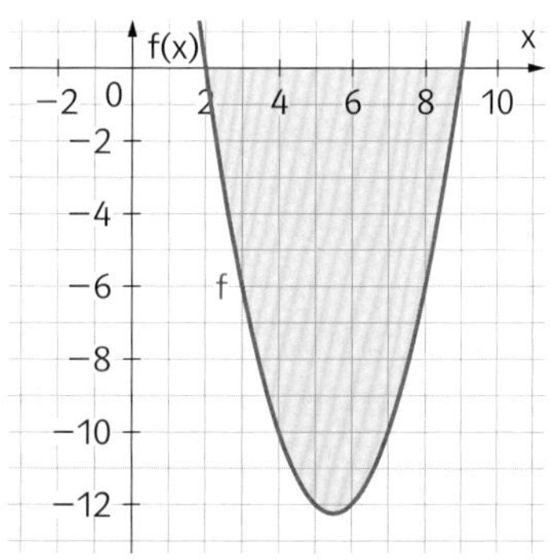

c) 1,33

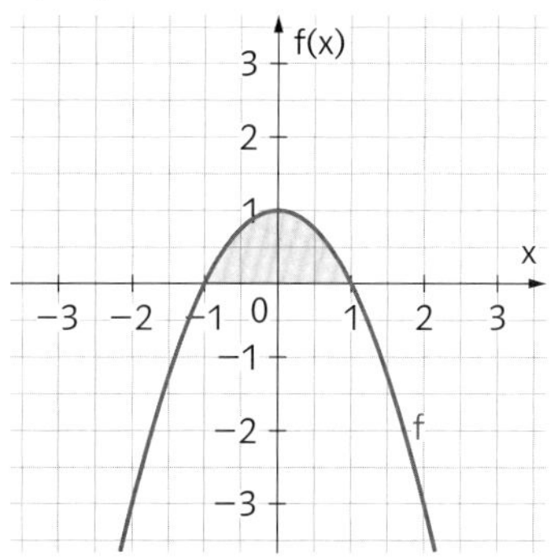

d) 40,5

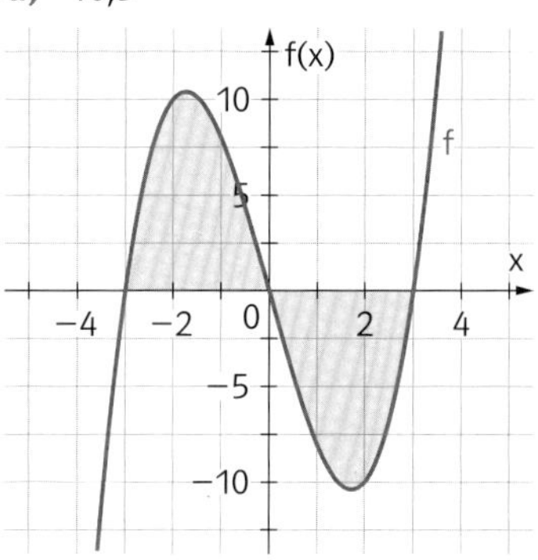

e) 49,33

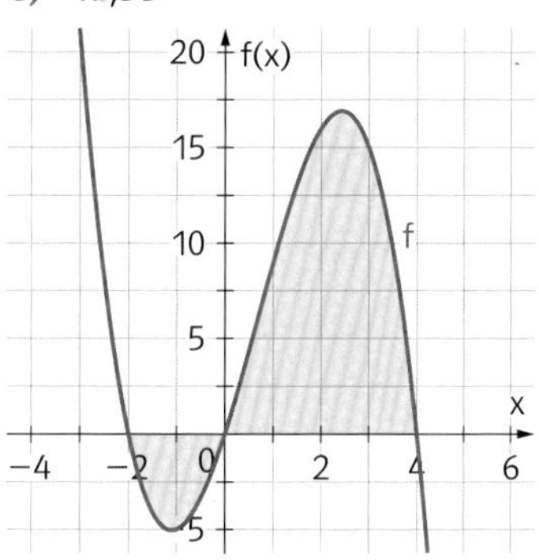

f) 25,85

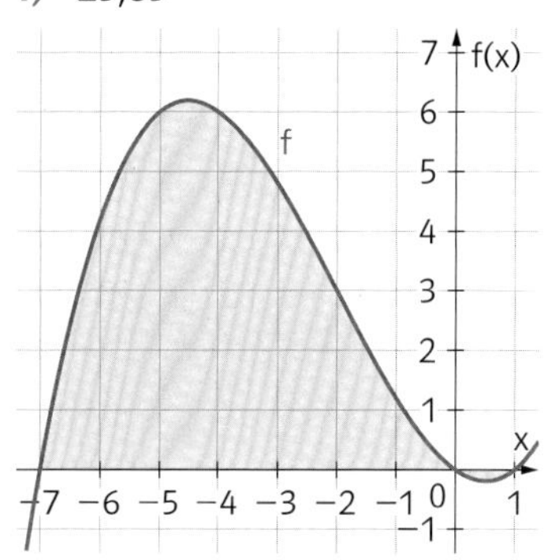

g) 409,83

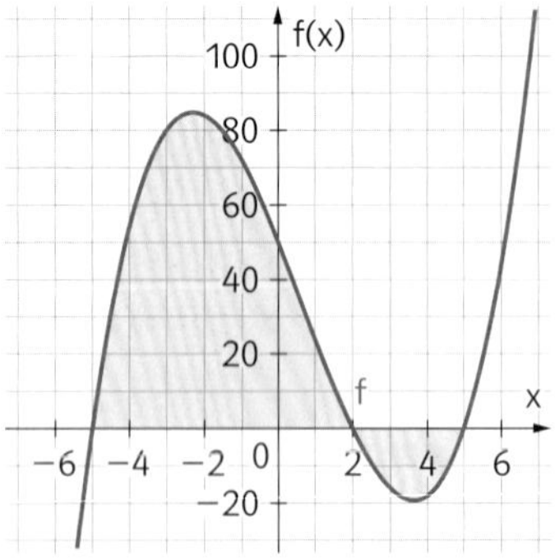

h) 21,08

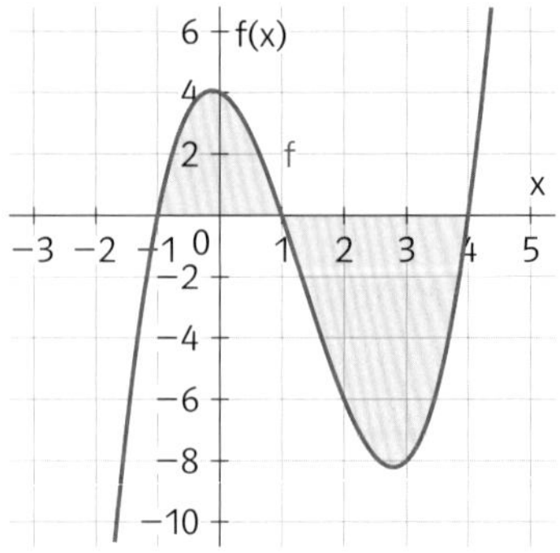

i) 78,08

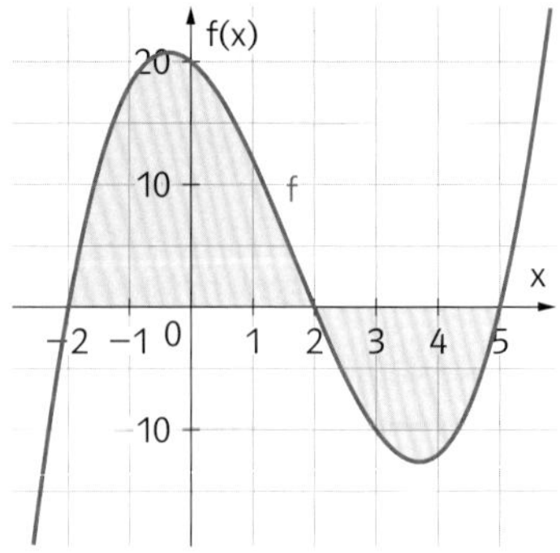

104. a) 8 | b) 26,67 | c) 15 | d) 51,33 | e) 366,25 | f) 19,08

105. a) 66,67 | b) 42

106. a) 52,08 | b) 64,8 | c) 259,2 | d) 72,92

107. a) 4 | b) 1,5 | c) 3,56 | d) 6 | e) 9 | f) 5

108. a) 11,83 | b) 4,76 | c) 41,35 | d) 31,09 | e) 2,74 | f) 4,37

109. A, C, D, E

110. B, C

111. 1 A, 2 B, 3 E, 4 D

112. Musteraufgabe

113. a) 4,5 | b) 4,5 | c) 5,33 | d) 54

114. a) 3,08 | b) 16 | c) 49,33 | d) −5,4

115. a) 20 | b) 1114,75

116. a) 41,67 | b) 10,67 | c) 4,92 | d) 0,75

117. a) $\int_{-2}^{0}(f(x) - g(x))\,dx = \int_{0}^{2}(g(x) - f(x))\,dx = 0{,}8$

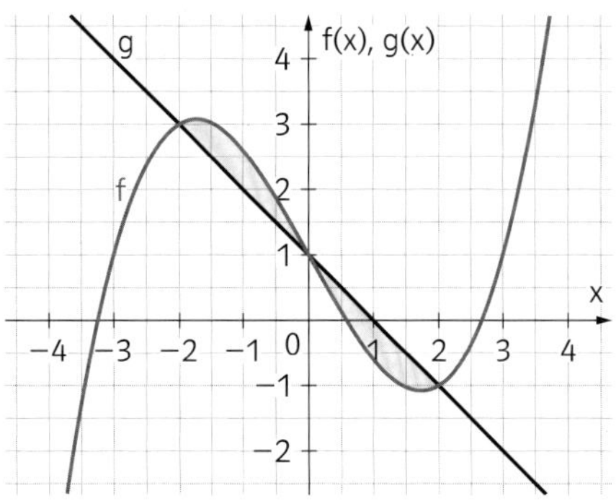

b) $\int_{-2}^{0}(f(x) - g(x))\,dx = \int_{0}^{2}(g(x) - f(x))\,dx = 4$

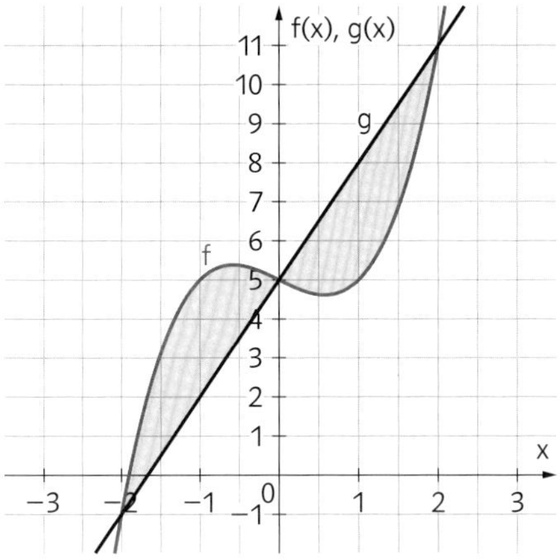

118. 498,67

119. B, C, E

120. Die Funktionen f und g sind gerade Funktionen. Weiters sind die Graphen von f und g symmetrische bezüglich der x-Achse. Aus diesen Gründen entstehen vier gleich große Flächenstücke:

$$\int_{-3}^{3}(f(x) - g(x))\,dx = 2 \cdot \int_{-3}^{3} f(x)\,dx = 4 \cdot \int_{-3}^{0} f(x)\,dx$$

121. Musteraufgabe

122. **a)** −1 **b)** 1,5 **c)** 0,67 **d)** −1,5 **e)** 0,05 **f)** $1{,}68 \cdot 10^{-4}$ **g)** −3 **h)** −7,39

123. **a)** O − U = 11,68.
Die Ober- und die Untersumme sind Schätzwerte für den Weg, den die Bungee-Jumperin im Zeitintervall [1,75; 3,75] zurücklegt, wobei der wahre Wert zwischen der Ober- und der Untersumme liegt. Der wahre Wert für den Weg ist damit höchstens 11,68 m kleiner als die Obersumme und höchstens 11,68 m größer als die Untersumme.

b) Der Wert, den man bei Berechnung mit dem linearen Modell erhält, unterscheidet sich um etwa 2,4 m von jenem, den man mit dem Modell der Polynomfunktion erhält.

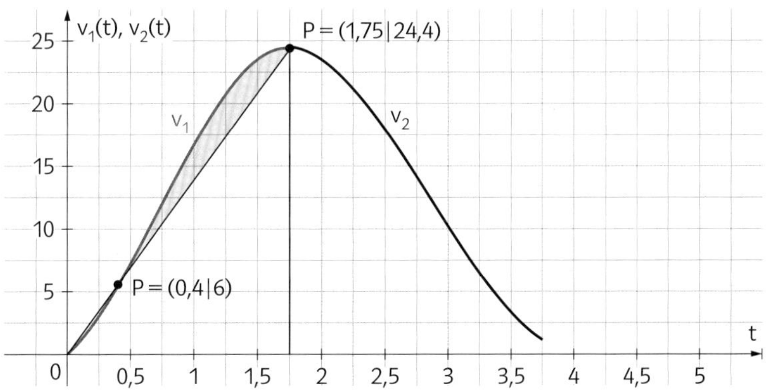

c) $m = \varrho \cdot \int_{0}^{L} A(l)\,dl$

124.–133. Selbstkontrolle (Lösungen im Schulbuch)

134.–142. Kompetenzcheck (Lösungen im Schulbuch)

3 Weitere Anwendungen der Integralrechnung

Kapitel 3
9b36ww

143. a) $300\,cm^3$ b) $19{,}89\,dm^3$

144. 1 A, 2 E, 3 C, 4 B

145. Musteraufgabe

146. a) 221702,5 b) 93530,74 c) 9976,61 d) 3055,34

147. a) 24 b) 204,17

148. Musteraufgabe

149. a) $24\,375\,cm^3$ b) $364\,008{,}33\,cm^3$ c) $12\,233{,}33\,cm^3$ d) $115\,166{,}67\,cm^3$

150. a) $A(z) = r^2\pi \rightarrow V = \int_0^h r^2\pi\,dz \rightarrow V = r^2\pi z\Big|_0^h \rightarrow V = r^2\pi h$

b) $r(z) = -\frac{r}{h}z + r \rightarrow V = \int_0^h r(z)^2\pi\,dz \rightarrow V = \int_0^h \left(-\frac{r}{h}z + r\right)^2\pi\,dz \rightarrow V = \frac{r^2\pi h}{3}$

151. 210 ml

152. a) $36\pi \approx 113{,}1$ b) $48\pi \approx 150{,}8$ c) $\frac{256\pi}{3} \approx 268{,}1$

153. a) 62,8 b) 150,8 c) 523,6 d) 490,1 e) 16,5 f) 228,3

154. Musteraufgabe

155. a) 1) $23{,}73\pi$ 2) 30π b) 1) 3045π 2) 625π c) 1) $57{,}6\pi$ 2) 4π d) 1) $896{,}7\pi$ 2) $937{,}5\pi$ e) 1) $38{,}17\pi$ 2) $6{,}2\pi$ f) 1) 327π 2) $84{,}4\pi$

156. a) 1) 36π 2) 36π b) 1) $85{,}33\pi$ 2) $85{,}33\pi$ c) 1) 16π 2) 24π d) 1) 48π 2) 64π e) 1) 60π 2) 100π f) 1) $21{,}33\pi$ 2) $42{,}7\pi$

157. a) $y^2 = r^2 - x^2 \rightarrow V = 2\pi \cdot \int_0^r (r^2 - x^2)\,d \rightarrow V = 2\pi \cdot \left(r^3 - \frac{r^3}{3}\right) = \frac{4r^3\pi}{3}$

b) 1) $y^2 = \frac{-b^2x^2 + a^2b^2}{a^2} \rightarrow V = 2\pi \cdot \int_0^a \left(\frac{-b^2x^2 + a^2b^2}{a^2}\right)dx \rightarrow V = \frac{2\pi}{a^2} \cdot \left(-\frac{a^3b^2}{3} + a^3b^2\right) = \frac{4ab^2\pi}{3}$

2) $x^2 = \frac{-a^2y^2 + a^2b^2}{b^2} \rightarrow V = 2\pi \cdot \int_0^b \left(\frac{-a^2y^2 + a^2b^2}{b^2}\right)dx \rightarrow V = \frac{2\pi}{b^2} \cdot \left(-\frac{a^2b^3}{3} + a^2b^3\right) = \frac{4a^2b\pi}{3}$

158. 1) $f(x) = r\sqrt{\frac{x}{h}}$

2) a) 0,199 l b) 0,579 l c) 0,127 l

159. Musteraufgabe

160. a) 10,3 b) 15,45 c) 27,31 d) 20,3

161. C, D

162. B, C

163. a) 1) 16π 2) $61{,}1\pi$ c) 1) $\frac{19}{3}\pi$ 2) $38{,}8\pi$

b) 1) 24π 2) $171{,}97\pi$ d) 1) $\frac{160}{27}\pi$ 2) $23{,}13\pi$

164. 1) $f(x) = \sqrt{4x - 20}$, $g(x) = \frac{3}{10}x + 4$

2) $V = 1120\pi\,cm^3 \approx 3\,518{,}6\,cm^3$ Masse: 8,44 kg

3) $V = 1250\pi\,cm^3 \approx 3\,927\,cm^3 \approx 3{,}927$ Liter

4) ca. 12,62 cm

165. a) 12 m b) 63 m c) 147,25 m

166. Musteraufgabe

167. Geometrisch entspricht dem zurückgelegten Weg der Inhalt der Fläche zwischen dem Graphen der Zeit-Geschwindigkeitsfunktion v und der waagrechten Zeitachse im Zeitintervall [a; b].

a) 18 m; [a; b] = [0; 3] c) 12 m; [a; b] = [0; 6]

b) 9 m; [a; b] = [0; 6] d) 20,25 m; [a; b] = [0; 3]

168. Geometrisch entspricht dem zurückgelegten Weg der Inhalt der Fläche zwischen dem Graphen der Zeit-Geschwindigkeitsfunktion v und der waagrechten Zeitachse im gegebenen Zeitintervall.

a) 9,02 m b) 1,77 m c) 133,5 m d) 138 m

169. Geometrisch entspricht dem zurückgelegten Weg der Inhalt der Fläche zwischen dem Graphen der Zeit-Geschwindigkeitsfunktion v und der waagrechten Zeitachse im gegebenen Zeitintervall.

a) ca. 78 m b) 116,98 m c) 96,95 m d) 34,8 m

170. a) 28 m b) 25,5 m c) 21 m d) 21 m

171. Musteraufgabe

172. a) $\int_0^{10} v(t)\,dt$ b) $\left|\int_{10}^{16} v(t)\,dt\right|$ c) $\int_0^{10} v(t)\,dt + \left|\int_{10}^{16} v(t)\,dt\right|$

d) Der Betrag dieses Wertes gibt die Entfernung des Ortes zum Zeitpunkt t = 8 zum Ort des Körpers zum Zeitpunkt t = 14 an.

173. a) $\int_0^{4} v(t)\,dt$; negatives Vorzeichen; Der Körper bewegt sich geradlinig in die zum Zeitintervall [4; 9] umgekehrte Richtung.

b) Der Wert des Integrals gibt die Entfernung des Körpers vom Startpunkt 9 Sekunden nach dem Start an.

c) $\left|\int_0^{4} v(t)\,dt\right| + \int_4^{9} v(t)\,dt$

174. A, C, D, E

175. a) 1) 10 m 2) 6 m

b) 1) 6,5 m 2) 6,5 m

c) 1) 8 m 2) 0 m

d) 1) 10 m 2) 8 m

176. Musteraufgabe

177. **a)** 11 m/s; 89 100 m **b)** 14 m/s; 12 600 m **c)** 25,2 m/s; 45 360 m **d)** 7,25 m/s; 145 000 m

178. **a)** 30 m/s

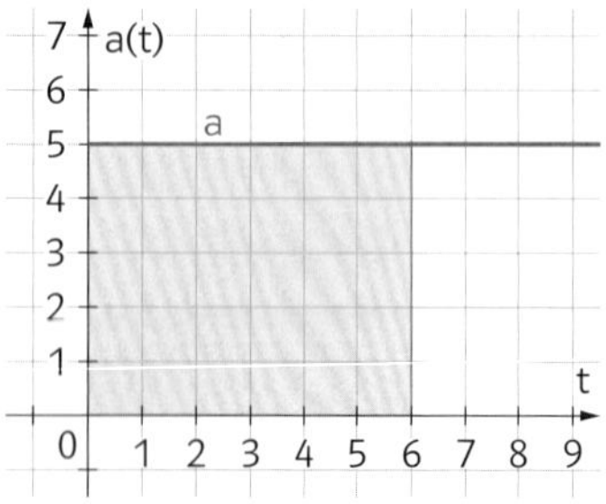

b) 75 m/s

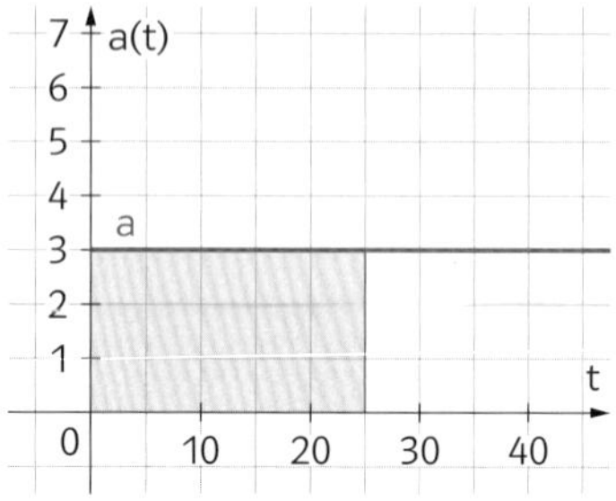

c) 58,5 m/s

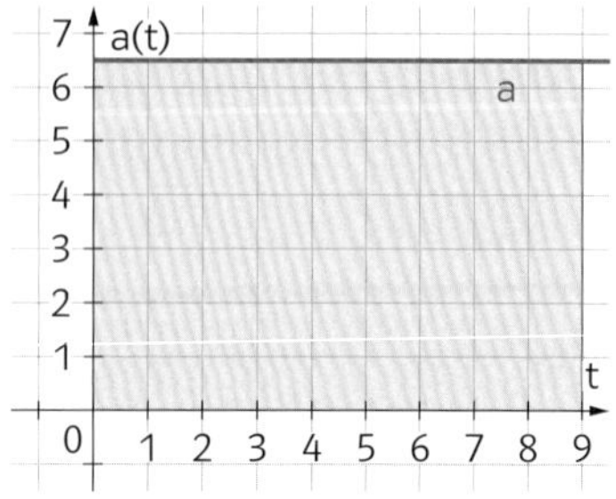

179. **a)** 48 m/s bzw. 172,8 km/h **b)** 540 m

180. **a)** 257,5 m/s **b)** 166,4 m/s **c)** 240 m/s

181. Der Ausdruck gibt die Höchstgeschwindigkeit t Sekunden nach dem Start an.

182. (1) 100 km/h (2) 111 m

183. **a)** 40 s **b)** 1600 m

184. Musteraufgabe

185. **a)** 40 s

b)

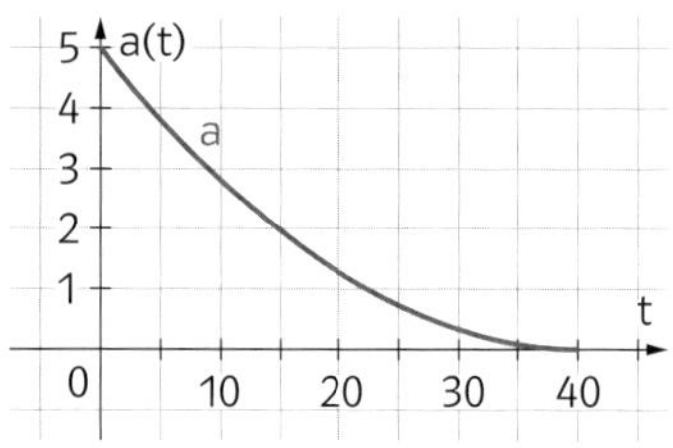

Höchstgeschwindigkeit: 192 km/h
Die Nullstelle des Graphen von a gibt den Zeitpunkt des Erreichens der Höchstgeschwindigkeit an.

c) 1600 m

d) Geschwindigkeitsänderung im Zeitintervall [10 s; 20 s]

186. **a)**

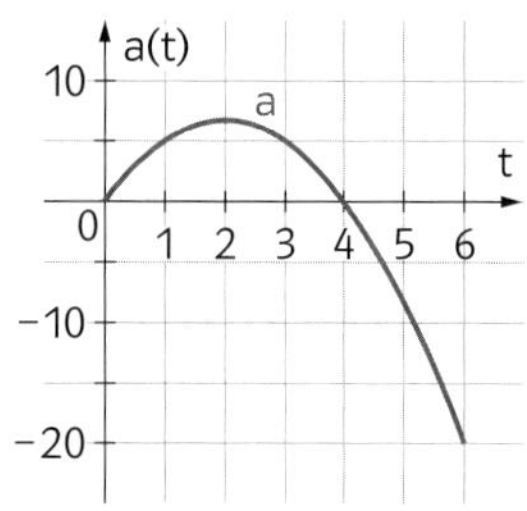

Maximum von a:
stärkste Beschleunigung des Körpers zum Zeitpunkt $t = 2$
Nullstellen von a:
Erreichen der Höchstgeschwindigkeit

b) 17,78 m/s
Geschwindigkeit nach 4 s (Höchstgeschwindigkeit)

c) −17,78 m/s
(Geschwindigkeitsänderung im Zeitintervall [4 s; 6 s]. Der Körper wird gebremst.)

d) 0 m/s
(Der Körper wird 4 s lang beschleunigt und dann abgebremst bis er nach 6 Sekunden zum Stillstand kommt.)

e) 28,89 m

187.

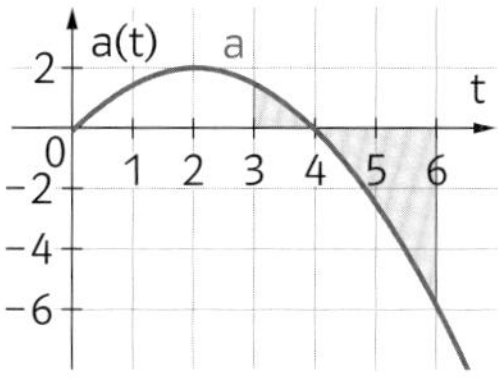

188. a) 16 m b) nach einer Sekunde; 3 m

c) Der Wert gibt die Geschwindigkeitsänderung in [0; 3] an. Da dieser Wert null ergibt, kommt der Experimentierwagen nach drei Sekunden zum Stillstand.

189. a) ca. 136 m (Nach rund 3,1 s erreicht der Helikopter den höchsten Punkt.)

b) ca. 23 m

190. Musteraufgabe

191. a) W = 0,3 J

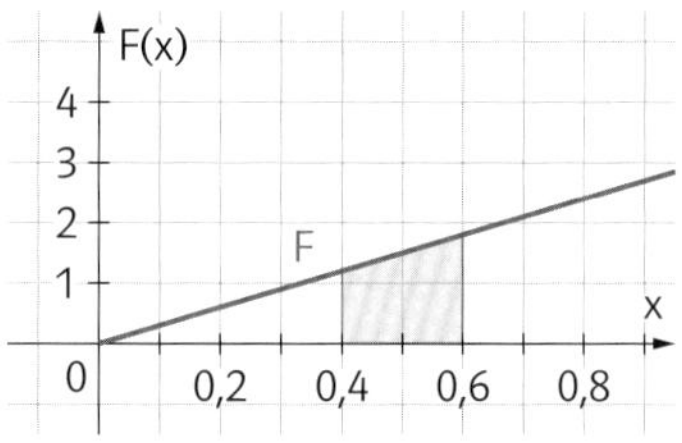

b) W = 0,245 J

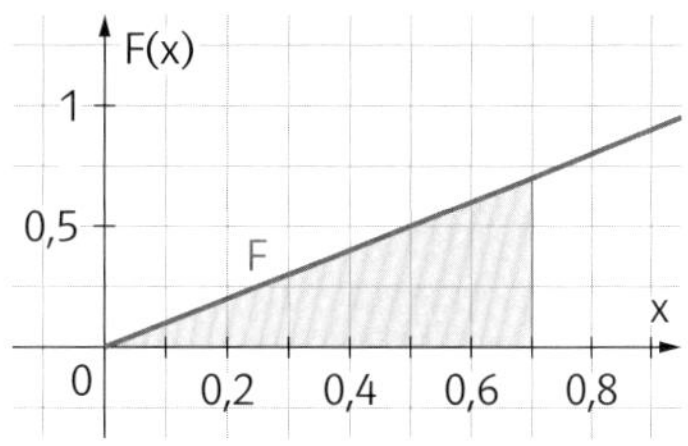

c) W = 0,009375 J

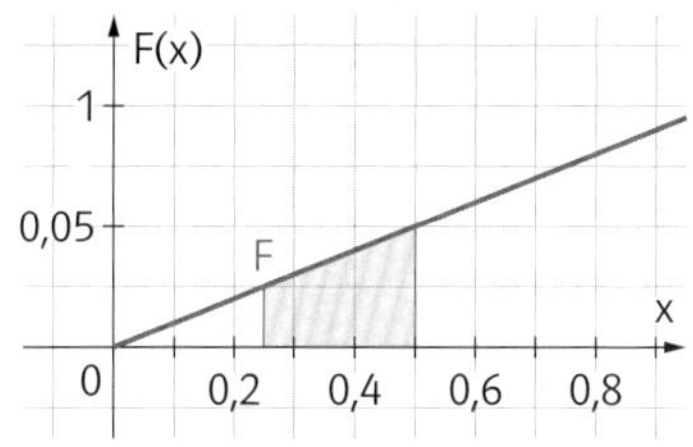

192. $\int_2^5 F(x)\,dx$ ist die Arbeit, die verrichtet wird, wenn man die Stahlfeder von 2 cm auf 5 cm dehnt.

193. a) W ≈ 6,3 J

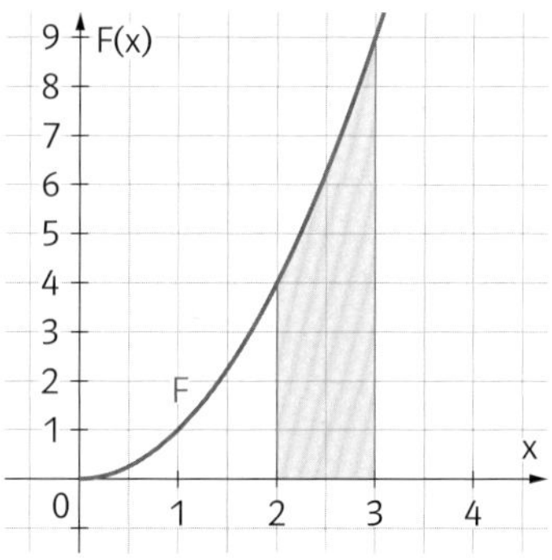

b) W = 1,5 J

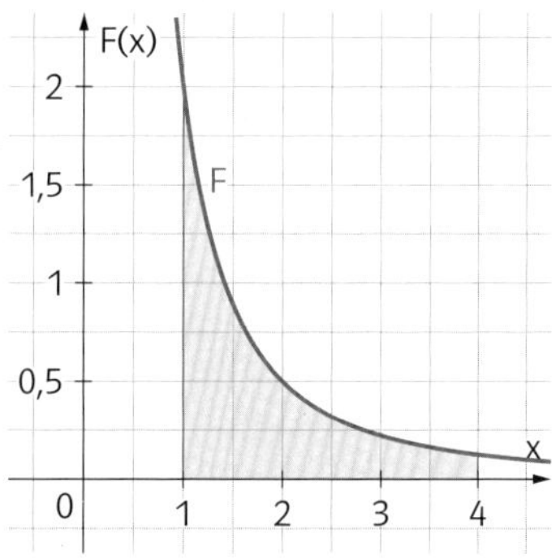

c) W ≈ 0,33728 J

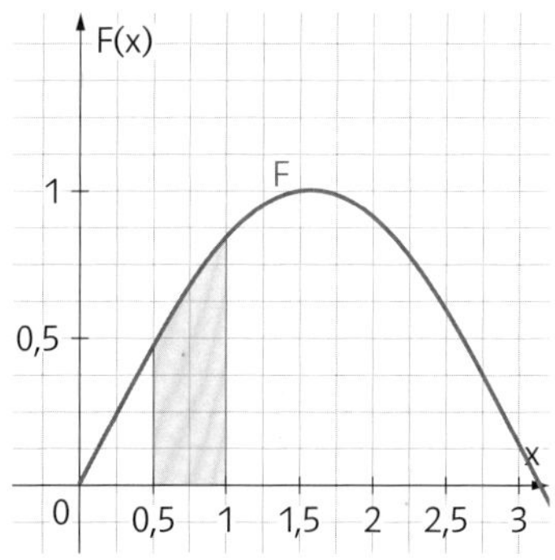

194.

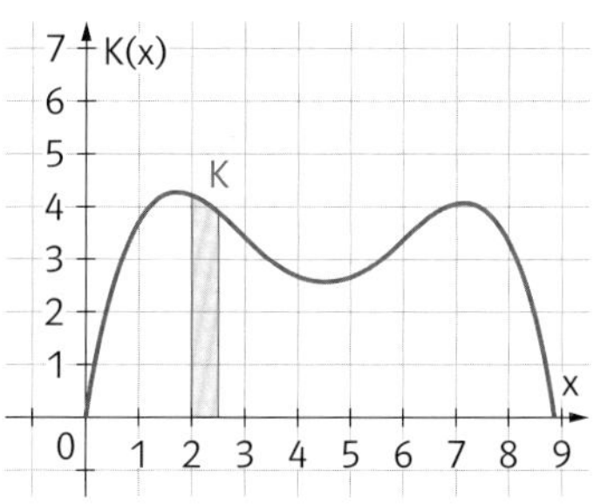

195. 666 666 J ist die Arbeit um den Luftwiderstand zwischen den Stellen 300 m und 700 m der Fahrstrecke des Autos zu überwinden.

196. Z.B.: F(x) ist die erste Ableitung von W(x). Wenn W linear ist, muss F konstant sein.
→ F(x) = 200 N

197. **a)** W ≈ 9 773 514 J = 9,8 MJ
b) A bedeutet die Arbeit, die verrichtet wird, wenn man einen Körper vom Abstand a vom Erdmittelpunkt auf den Abstand b hebt.
c) $W = G \cdot m \cdot M \cdot \left(\frac{1}{6\,378\,000} - \frac{1}{6\,378\,000 + x}\right)$

198. Musteraufgabe

199. **a)** (1) W = 66 kJ (2) W ≈ 46,9 kJ
b) (1) W = 1,5 kJ (2) W ≈ 1,4 kJ
c) (1) W = 792 kJ (2) W ≈ 562,8 kJ
d) (1) W = 1,5 kJ (2) W ≈ 1,48 kJ

200. Die eingezeichnete Fläche bedeutet den Wert der Arbeit, die die Lampe vom Zeitpunkt 2 s bis zum Zeitpunkt 7 s verrichtet.

201. Musteraufgabe

202. **a)** N′(10) = 3 000 Bakterien/Minute; N′(11) = 3 200 Bakterien/Minute
b) 12 600 Bakterien

203. **a)** z.B. Q′(t) = I(t)
b) 2,4375 C
c)

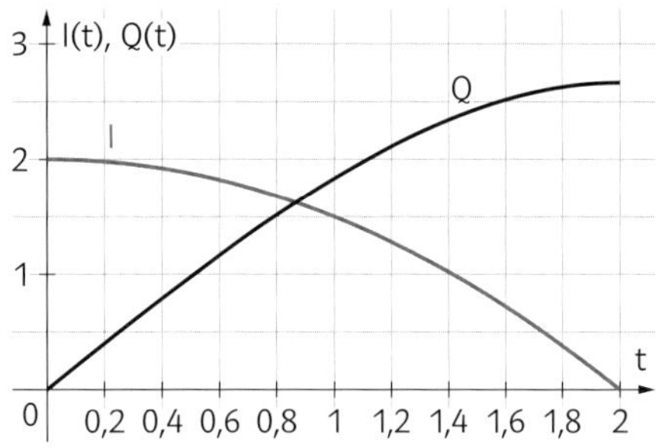

204.

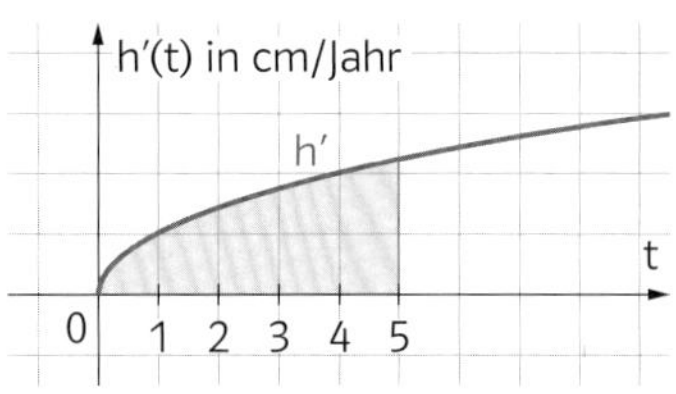

205. C, D, E

206. **a)** K′(2) = 22.
Die Steigung der Tangente an den Graphen der Kostenfunktion K an der Stelle 2 beträgt 22.
Die Kosten für die Produktion einer weiteren ME betragen bei einer Produktionsmenge von 2 ME etwa 22 GE.
b) K′(4) = 3,6.
Die Steigung der Tangente an den Graphen der Kostenfunktion K an der Stelle 4 beträgt 3,6.
Die Kosten für die Produktion einer weiteren ME betragen bei einer Produktionsmenge von 4 ME etwa 3,6 GE.

207. **a)** $G'(8) = -3$.
Die Steigung der Tangente an den Graphen der Gewinnfunktion G an der Stelle 8 beträgt –3.
Erhöht man die Produktion bei 8 ME um eine ME, so verringert sich der Gewinn etwa um 3 GE.
b) $G'(4) = 1$.
Die Steigung der Tangente an den Graphen der Gewinnfunktion G an der Stelle 4 beträgt 1.
Erhöht man die Produktion bei 4 ME um eine ME, so erhöht sich der Gewinn etwa um 1 GE.

208. Musteraufgabe

209. **a)** 23.
Der Wert gibt die Änderung der Gesamtkosten an, wenn die Produktion von 3 ME auf 5 ME erhöht wird.
b) 39.
Der Wert gibt die Änderung der Gesamtkosten an, wenn die Produktion von 0 ME auf 3 ME erhöht wird.
c) 14.
Der Wert gibt die Änderung der Gesamtkosten an, wenn die Produktion von 2 ME auf 4 ME erhöht wird.
d) 11,8.
Der Wert gibt die Änderung der Gesamtkosten an, wenn die Produktion von 1 ME auf 3 ME erhöht wird.

210. **a)** Geometrisch bedeutet $K'(5)$ die Steigung der Tangente an den Graphen der Kostenfunktion K an der Stelle $x = 5$. Wird die Produktion von 5 ME auf 6 ME erhöht, steigern sich die Gesamtkosten näherungsweise um $K'(5)$.
b) Geometrisch entspricht der Wert des Integrals dem Flächeninhalt zwischen dem Graphen der Funktion K' und der waagrechten Achse im Intervall [0; 20]. Der Wert des Integrals gibt die Änderung der Gesamtkosten an, wenn die Produktion von 0 ME auf 20 ME erhöht wird.
c) Geometrisch bedeutet $K'(a)$ die Steigung der Tangente an den Graphen der Kostenfunktion K an der Stelle $x = a$. Wird die Produktion von a ME auf a + 1 ME erhöht, steigern sich die Gesamtkosten näherungsweise um $K'(a)$.
d) Geometrisch entspricht der Wert des Integrals dem Flächeninhalt zwischen dem Graphen der Funktion K' und der waagrechten Achse im Intervall [a; b]. Der Wert des Integrals gibt die Änderung der Gesamtkosten an, wenn die Produktion von a ME auf b ME erhöht wird.

211. B, E

212. **a)** Der Flächeninhalt gibt die Änderung der Gesamtkosten an, wenn die Produktion von 1 ME auf 4 ME erhöht wird.
b) Der Flächeninhalt gibt die Änderung der Gesamtkosten an, wenn die Produktion von 0 ME auf 4 ME erhöht wird.

213. Musteraufgabe

214. **a)** **1)** $G(x) = -0{,}4x^3 + 1{,}2x^2 + 13{,}7x - 12$; $G'(2) = 13{,}7$.
Geometrisch ist $G'(2)$ die Steigung der Tangente an den Graphen von G bei $x = 2$. Im Kontext gibt $G'(2)$ näherungsweise den zu erwartenden Gewinnzuwachs an, wenn statt 2 ME 3 ME produziert werden.
2) 33,9 GE.
Geometrisch gibt der Wert des Integrals den Flächeninhalt zwischen dem Graphen von G' und der waagrechten Achse im Intervall [1; 4] an. Im Kontext beschreibt der Wert des Integrals die Änderung des Gewinns bei einer Zunahme der Produktionsmenge von 1 ME auf 4 ME.

b) **1)** $G(x) = -0{,}3x^3 + 1{,}1x^2 + 18{,}6x - 17$; $G'(4) = 13$.
Geometrisch ist G′(4) die Steigung der Tangente an den Graphen von G bei $x = 4$. Im Kontext gibt G′(4) näherungsweise den zu erwartenden Gewinnzuwachs an, wenn statt 4 ME 5 ME produziert werden.
2) 57,6 GE.
Geometrisch gibt der Wert des Integrals den Flächeninhalt zwischen dem Graphen von G′ und der waagrechten Achse im Intervall [0; 3] an. Im Kontext beschreibt der Wert des Integrals die Änderung des Gewinns bei einer Zunahme der Produktionsmenge von 0 ME auf 3 ME.

c) **1)** $G(x) = -0{,}2x^3 + 0{,}75x^2 + 15{,}6x - 21$; $G'(6) = 3$.
Geometrisch ist G′(6) die Steigung der Tangente an den Graphen von G bei $x = 6$. Im Kontext gibt G′(6) näherungsweise den zu erwartenden Gewinnzuwachs an, wenn statt 6 ME 7 ME produziert werden.
2) 29,25 GE.
Geometrisch gibt der Wert des Integrals den Flächeninhalt zwischen dem Graphen von G′ und der waagrechten Achse im Intervall [3; 6] an. Im Kontext beschreibt der Wert des Integrals die Änderung des Gewinns bei einer Zunahme der Produktionsmenge von 3 ME auf 6 ME.

215. A, E

216. B, D

217. **a)** A, B
b) Der Flächeninhalt der Querschnittsfläche beträgt am Boden 6 cm^2. Der Flächeninhalt der Querschnittsfläche nimmt pro cm Höhe um 0,5 cm^2 zu.
Der Integralausdruck beschreibt das Volumen der Vase vom Boden bis zu einer Höhe von 25 cm.
Die Wasserhöhe, wenn 1,5 l Wasser eingefüllt wurden, beträgt rund 66 cm.
c) Die Wassermenge nimmt pro Sekunde um 12 ml zu.
d) Bei Variante B passen 24,3 Liter Wasser in die Vase.
e) $G(x) = \frac{1}{1000}x^3 + 10x - 200$

218.–225. Selbstkontrolle (Lösungen im Schulbuch)

226.–232. Kompetenzcheck (Lösungen im Schulbuch)

4 Dynamische Systeme

Kapitel 4
2x53jw

233. a) $a = 2$ $b = -3$
b) $a = 4$ $b = -2{,}5$

234. Musteraufgabe

235. a) $y_0 = 50$ $y_{n+1} = y_n - 2$
$a = 1$ $b = -2$ $y_{n+1} - y_n = -2$
b) $y_0 = 0{,}5$ $y_{n+1} = y_n + 0{,}9$
$a = 1$ $b = 0{,}9$ $y_{n+1} - y_n = 0{,}9$
c) $y_0 = 9\,315$ $y_{n+1} = y_n + 315$
$a = 1$ $b = 315$ $y_{n+1} - y_n = 315$
d) $y_0 = 1\,500$ $y_{n+1} = 1{,}008 \cdot y_n$
$a = 1{,}008$ $b = 0$ $y_{n+1} - y_n = 0{,}008 \cdot y_n$
e) $y_0 = 17\,215$ $y_{n+1} = 1{,}023 \cdot y_n$
$a = 1{,}023$ $b = 0$ $y_{n+1} - y_n = 0{,}023 \cdot y_n$
f) $y_0 = 39\,800$ $y_{n+1} = 0{,}88 \cdot y_n$
$a = 0{,}88$ $b = 0$ $y_{n+1} - y_n = -0{,}12 \cdot y_n$
g) $y_0 = 5\,000$ $y_{n+1} = 1{,}008 \cdot y_n - 50$
$a = 1{,}008$ $b = -50$ $y_{n+1} - y_n = 0{,}008 \cdot y_n - 50$
h) $y_0 = 134\,000$ $y_{n+1} = 1{,}02 \cdot y_n - 800$
$a = 1{,}02$ $b = -800$ $y_{n+1} - y_n = 0{,}02 \cdot y_n - 800$

236. Musteraufgabe

237. a) 1) Pro km steigen die Kosten konstant um 0,50 €.
2) $y_{n+1} - y_n = 0{,}5$ $y_0 = 100$ $y_n = 100 + 0{,}5 \cdot n$
b) 1) Pro Woche steigt der Betrag auf dem Sparbuch immer um 15 €.
2) $y_{n+1} - y_n = 15$ $y_0 = 0$ $y_n = 15 \cdot n$
c) 1) Pro Monat werden immer k € abgebucht.
2) $y_{n+1} - y_n = -k$ $y_0 = 2\,300$ $y_n = 2\,300 - k \cdot n$
d) 1) Pro Woche wächst der Fingernagel immer um 0,7 mm.
2) $y_{n+1} - y_n = 0{,}7$ $y_0 = 12$ $y_n = 12 + 0{,}7 \cdot n$

238. a) $y_{n+1} = y_n + 0{,}02$ $y_0 = 7$
b) $y_n = 7 + 0{,}02 \cdot n$ $y_{19} = 7{,}38$

239. a) $y_{n+1} = y_n - 7500$ $y_0 = 60\,000$
b) $y_n = 60\,000 - 7500 \cdot n$ nach 8 Jahren

240. $y_{n+1} - y_n = -0{,}5$

241. $y_{n+1} = y_n + 2$ $y_0 = 15$

242. a) $k = b$ $d = y_0$
b) $b > 0$ … Bestand nimmt zu
$b < 0$ … Bestand nimmt ab
$b = 0$ … Bestand bleibt konstant

c)

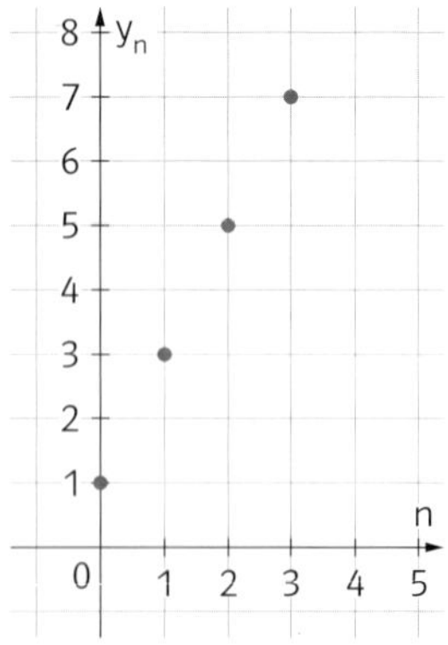

243. **a)** 1) $y_{n+1} = 1{,}035 \cdot y_n$ $\quad y_0 = 780$

2) $y_n = 1{,}035^n \cdot 780$ $\quad y_5 \approx 926{,}40$ $\quad y_8 \approx 1027{,}11$ $\quad y_{12} \approx 1178{,}63$

b) 1) $y_{n+1} = 1{,}025 \cdot y_n$ $\quad y_0 = 50\,000$

2) $y_n = 1{,}025^n \cdot 50\,000$ $\quad y_5 \approx 56\,570{,}41$ $\quad y_8 \approx 60\,920{,}14$ $\quad y_{12} \approx 67\,244{,}44$

244. C, D

245. (1) $a > 1$ (2) $b = 0$

246. Musteraufgabe

247. $y_{n+1} - y_n = 0{,}03 \cdot y_n$

248. **a)** 1) $y_{n+1} = 1{,}005 \cdot y_n$ $\quad y_0 = 4\,000$ $\quad y_{n+1} - y_n = 0{,}005 \cdot y_n$

2) $y_n = 1{,}005^n \cdot 4\,000$

b) 1) $y_{n+1} = 0{,}9 \cdot y_n$ $\quad y_0$ … Lichtstärke vor dem Eintauchen ins Wasser $\quad y_{n+1} - y_n = -0{,}1 \cdot y_n$

2) $y_n = 0{,}9^n \cdot y_0$

c) 1) $y_{n+1} = 0{,}88 \cdot y_n$ $\quad y_0 = 15$ $\quad y_{n+1} - y_n = -0{,}12 \cdot y_n$

2) $y_n = 0{,}88^n \cdot 15$

249. A, B, C

250. B, C

251. **a)** $a = b$ $\quad u = y_0$

b) $a > 1$ … exponentielles Wachstum

$0 < a < 1$ … exponentielle Abnahme

c)

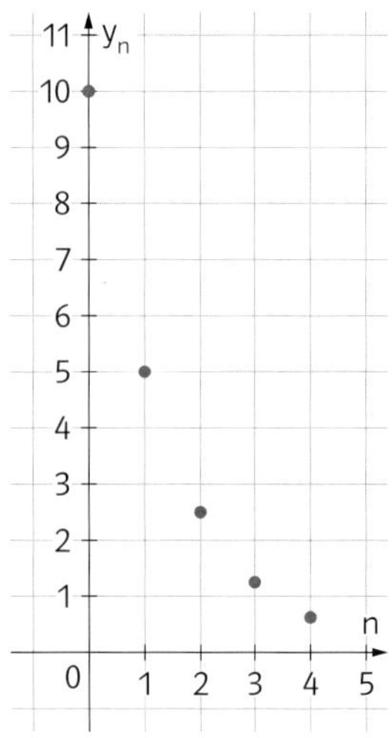

252. **a)** 1) Es gibt eine Wachstumsgrenze W = 6.
2) $y_n = -2 \cdot 0{,}5^n + 6$
b) 1) Es gibt eine Wachstumsgrenze W = 25.
2) $y_n = 75 \cdot 0{,}8^n + 25$
c) 1) y_n nimmt ab einem bestimmten n den Wert 0 an.
2) $y_n = \frac{130}{3} \cdot 0{,}4^n - \frac{100}{3}$
d) 1) y_n nimmt ab einem bestimmten n den Wert 0 an.
2) $y_n = 1780 \cdot 0{,}98^n - 1750$
e) 1) Es liegt ein unbeschränktes Wachstum vor.
2) $y_n = 38 \cdot 1{,}5^n - 28$
f) 1) Es gibt eine Wachstumsgrenze W = 5.
2) $y_n = 5 \cdot 0{,}4^n + 5$
g) 1) y_n nimmt ab einem bestimmten n den Wert 0 an.
2) $y_n = 45 \cdot 0{,}6^n - 35$
h) 1) Es liegt ein unbeschränktes Wachstum vor.
2) $y_n = \frac{326}{19} \cdot 2{,}9^n - \frac{250}{19}$
i) 1) Es liegt ein unbeschränktes Wachstum vor.
2) $y_n = \frac{5}{2} \cdot 3^n + \frac{5}{2}$
j) 1) Der Bestand ändert sich nicht.
2) $y_n = 30$
k) 1) Es liegt ein unbeschränktes Wachstum vor.
2) $y_n = \frac{404}{11} \cdot 12^n + \frac{14}{11}$
l) 1) y_n nähert sich ab einem bestimmten n dem Wert 0 an.
2) $y_n = 0{,}5^n$
m) 1) Es liegt ein unbeschränktes Wachstum vor.
2) $y_n = 13 \cdot 2^n - 5$
n) 1) y_n nimmt ab einem bestimmten n den Wert 0 an.
2) $y_n = 100 \cdot 0{,}8^n - 50$

253. Musteraufgabe

254. $y_{n+1} - y_n = 0{,}15 \cdot (95 - y_n)$ $y_0 = 5$
$y_{n+1} = 0{,}85 \cdot y_n + 14{,}25$

255. $y_{n+1} - y_n = 0{,}12 \cdot (1000 - y_n)$ $y_0 = 10$
$y_{n+1} = 0{,}88 \cdot y_n + 120$

256. $y_{n+1} - y_n = -0{,}045 \cdot (20 - y_n)$ $y_0 = 90$
$y_{n+1} = 1{,}045 \cdot y_n - 0{,}9$

257. $y_{n+1} = 0{,}975 \cdot y_n + 1{,}25$ $y_0 = 12$

258. **a)** $y_{n+1} - y_n = 0{,}5 \cdot (16 - y_n)$ W = 16
b) $y_{n+1} - y_n = 0{,}66 \cdot \left(\frac{1250}{33} - y_n\right)$ $W = \frac{1250}{33}$
c) $y_{n+1} - y_n = 0{,}8 \cdot (6{,}25 - y_n)$ W = 6,25
d) nicht möglich
e) $y_{n+1} - y_n = 0{,}1 \cdot (400 - y_n)$ W = 400
f) $y_{n+1} - y_n = 0{,}95 \cdot (8\,210{,}53 - y_n)$ $W \approx 8\,210{,}53$
g) $y_{n+1} - y_n = 0{,}2 \cdot (15 - y_n)$ W = 15
h) nicht möglich

259. C, D, E

260. B, D

261. Musteraufgabe

262. a) $y(t) = 3t + 2$
b) $y(t) = -11t + 4$
c) $y(t) = 10t + 7$
d) $y(t) = -9t - 5$
e) $y(t) = 7t$
f) $y(t) = -t + 1$

263. a) $y(t) = -2t - 1$
b) $y(t) = 6t - 29$
c) $y(t) = t$
d) $y(t) = 0{,}5t + 0{,}5$
e) $y(t) = \frac{9}{5}t - 11$
f) $y(t) = -\frac{12}{5}t - \frac{89}{5}$

264. a) $y(t) = e^{2t}$
b) $y(t) = -4e^{t}$
c) $y(t) = 3e^{-t}$
d) $y(t) = -e^{-3t}$
e) $y(t) = e^{0{,}2t}$
f) $y(t) = \frac{1}{5} \cdot e^{\frac{t}{10}}$

265. Musteraufgabe

266. a) $y(t) = e^{3} \cdot e^{-t}$
b) $y(t) = 2e^{5} \cdot e^{5t}$
c) $y(t) = \frac{5}{e^{16}} \cdot e^{4t}$
d) $y(t) = -\frac{1}{\sqrt{e^{3}}} \cdot e^{\frac{3t}{2}}$
e) $y(t) = -\frac{1}{\sqrt[5]{e^{51}}} \cdot e^{-\frac{17t}{5}}$
f) $y(t) = 5 \cdot \sqrt[5]{e^{4}} \cdot e^{\frac{t}{5}}$

267. Musteraufgabe

268. a) $y(t) = 12 - 10 \cdot e^{-\frac{2t}{5}}$
b) $y(t) = 10 - 9 \cdot e^{-3t}$
c) $y(t) = 20 - 16 \cdot e^{-\frac{t}{2}}$
d) $y(t) = 7 - 2 \cdot e^{-t}$
e) $y(t) = 30 - 20 \cdot e^{-\frac{t}{5}}$
f) $y(t) = 11 - 8 \cdot e^{-2t}$

269. a) $y(t) = 3 + \sqrt[10]{e} \cdot e^{-\frac{t}{10}}$
b) $y(t) = 8 - 7 \cdot e^{6} \cdot e^{-2t}$
c) $y(t) = 30 - \sqrt[5]{e^{2}} \cdot 25e^{-\frac{t}{5}}$
d) $y(t) = 8 - 7 \cdot \sqrt[5]{e^{11}} \cdot e^{-\frac{11t}{5}}$
e) $y(t) = 30 - 24 \cdot e^{20} \cdot e^{-4t}$
f) $y(t) = 11 - 9 \cdot e^{30} \cdot e^{-5t}$

270. Musteraufgabe

271. **a)** $y'(t) = 0{,}1$ $y(t) = 0{,}1t + 1$ $y(10{,}75) = 2{,}075\,m$
b) nach 40 Jahren

272. **a)** Die momentane Abbaugeschwindigkeit des Medikaments ist 0,1 mg/h.
b) $t = 1500$ Stunden

273. Musteraufgabe

274. **a)** $y'(t) = 0{,}03 \cdot y(t)$ $y(0) = 20$ $y(t) = 20 \cdot e^{0{,}03t}$
b) $y(4{,}25) \approx 22{,}72\,cm^2$
c) $t \approx 23{,}1\,h$

275. D

276. $p'(h) = -k \cdot p(h)$ $p(0) = 1$ $k \in \mathbb{R}^+$ $p(h) = e^{-k \cdot h}$

277. **a)** Die momentane Änderungsrate ist zu jedem beliebigen Zeitpunkt direkt proportional zum aktuellen Bestand. Der Proportionalitätsfaktor ist −0,005, da es sich um einen Abnahmeprozess handelt.
$N(t) = 8 \cdot e^{-\frac{t}{200}}$
b) $t \approx 138{,}63\,min$

278. Musteraufgabe

279. **a)** $y'(t) = 0{,}2 \cdot (22 - y(t))$ $y(0) = 80$ $y(t) = 22 + 58 \cdot e^{-\frac{t}{5}}$
b) $y(3) \approx 53{,}83\,°C$
c) $t \approx 7{,}48\,min$

280. $y'(t) = 0{,}0501 \cdot (36 - y(t))$ $y(0) = 0$ $y(t) = 36 - 36 \cdot e^{-0{,}0501 \cdot t}$

281. $h'(t) = 0{,}0634 \cdot h(t) \cdot (6 - h(t))$ $h(0) = h_0$ $h(t) = \frac{6h_0}{h_0 + (6 - h_0) \cdot e^{-0{,}3804 \cdot t}}$

282. $W = 1$ $m = 0{,}4$ $y_0 = 0{,}1$

$$y(t) = \frac{0{,}1 \cdot 1}{0{,}1 + (1 - 0{,}1) \cdot e^{-1 \cdot 0{,}4 \cdot t}} = \frac{0{,}1}{0{,}1 + 0{,}9 \cdot e^{-0{,}4 \cdot t}} = \frac{0{,}1}{0{,}1 \cdot (1 + 9e^{-0{,}4 \cdot t})} = \frac{1}{1 + 9 \cdot e^{-0{,}4 \cdot t}}$$

283. **a)**

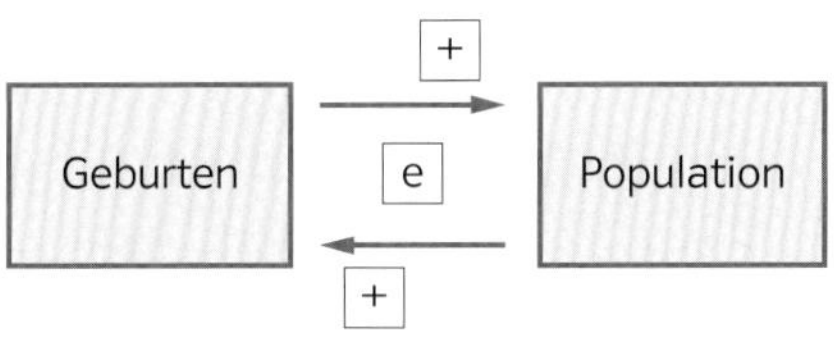

b)

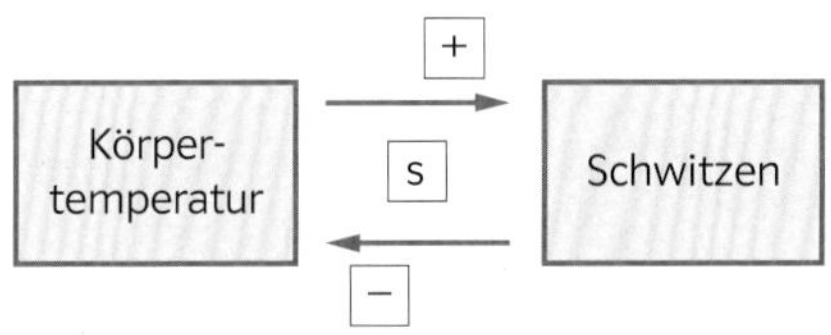

284. **a)** Wirkung auf die letzte Komponente → +
b) Wirkung auf die letzte Komponente → −

285. **a)**

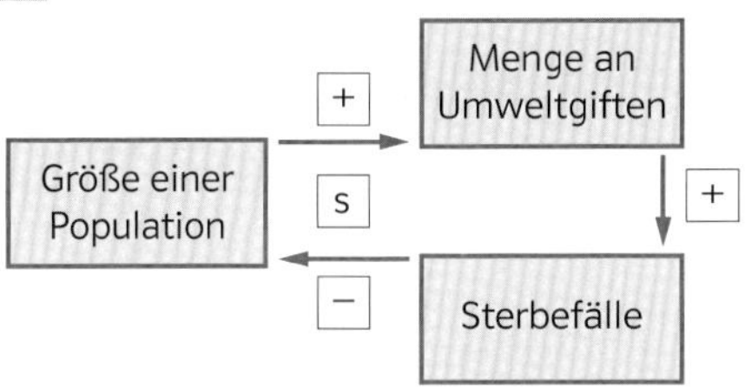

stabilisierend

b)

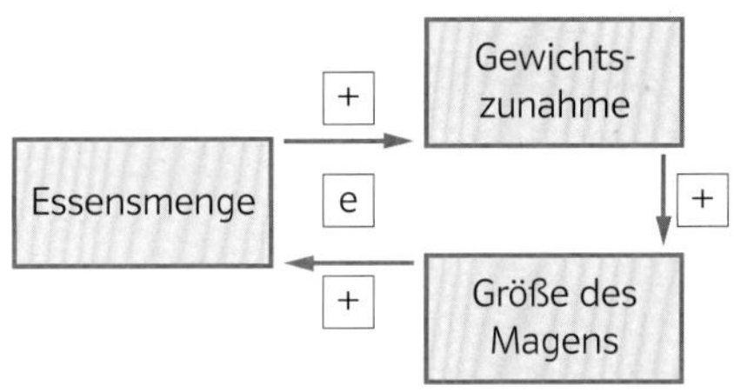

eskalierend

286. **a)** Je länger die Dauer der Krankheit, desto höher die Dosis des Medikaments; je höher die Dosis, desto kürzer die Dauer der Krankheit → stabilisierende Rückkopplung
Je größer die Anzahl der Viren, desto mehr Abwehrzellen werden gebildet und desto kürzer ist die Dauer der Krankheit. → Keine Rückkopplung

b) Z.B. Anzahl der Nebenwirkungen → Dauer der Krankheit → Dosis des Medikaments → Anzahl der Symptome
(stabilisierend)
Z.B. Anzahl der Viren → Anzahl der Symptome → Dosis des Medikaments → Anzahl der Nebenwirkungen
(eskalierend)
Z.B. Anzahl der Nebenwirkungen → Dosis des Medikaments → Dauer der Krankheit
(eskalierend)

c) Anzahl der Viren → Dauer der Krankheit → Dosis des Medikaments → Anzahl der Viren
(eskalierend)

287.

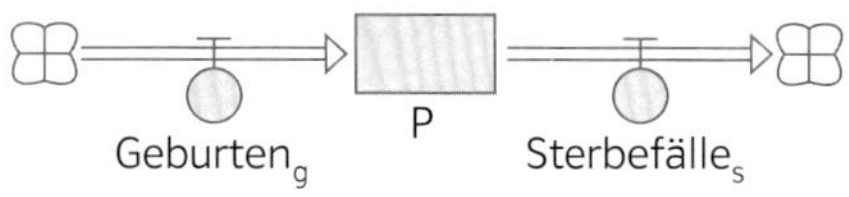

288. Musteraufgabe

289.

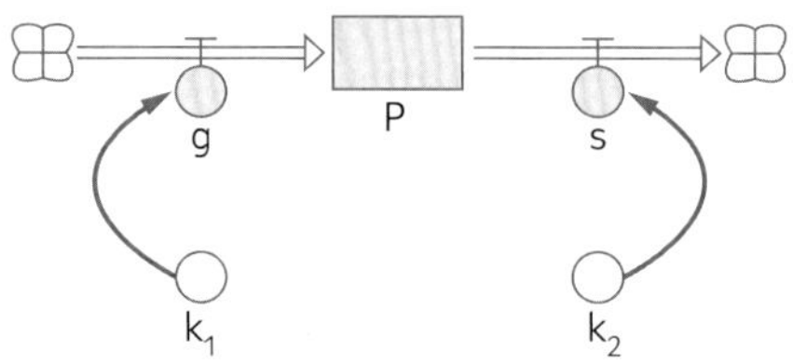

290.

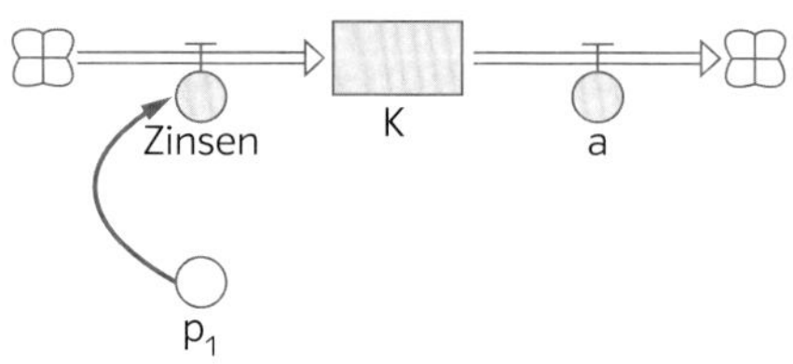

291. **a)** Zufluss und Abfluss sind pro Zeiteinheit konstant. Für Zu- und Abfluss liegt ein lineares Modell vor.

b) Die relative Zunahme des Bestandes ist in gleichen Zeitabschnitten konstant. Es liegt ein exponentielles Wachstumsmodell vor. Beim Abfischen liegt ein lineares Modell vor.

292. **a)** Das Wachstum ist proportional zum Freiraum und zur momentanen Höhe. Es liegt ein logistisches Wachstumsmodell vor.

b) Die relative Zu- bzw. Abnahme der Giftmenge ist in gleichen Zeitabschnitten konstant. Es liegt jeweils ein exponentielles Modell vor.

293. **a)**

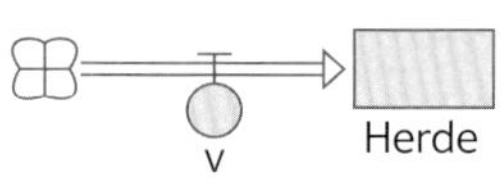

lineares Modell

b)

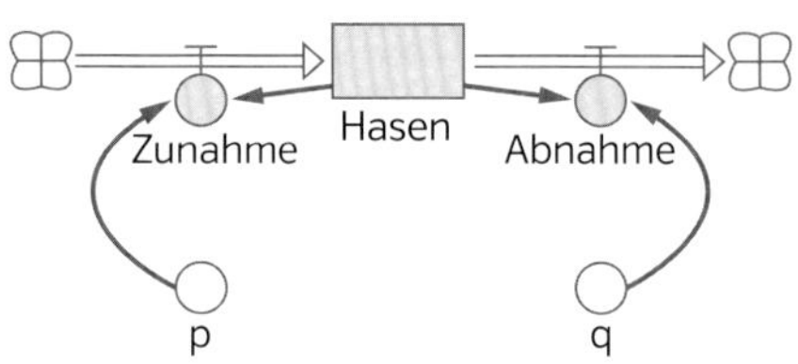

exponentielles Modell für Zu- und Abnahme

c) 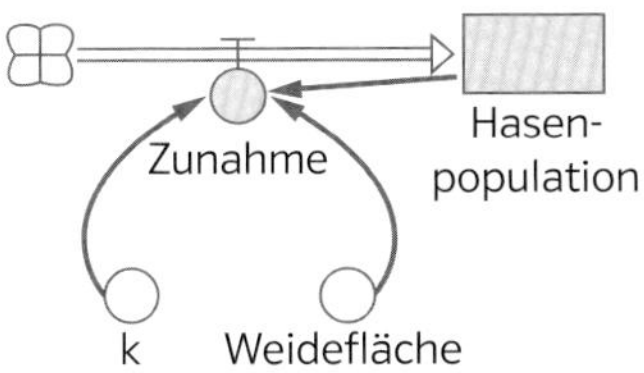

beschränktes Wachstumsmodell

294. zu **271.** 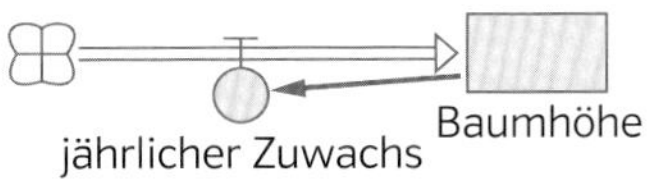

lineares Wachstumsmodell

zu **274.** 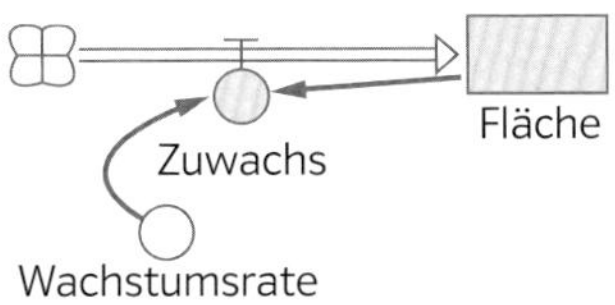

exponentielles Wachstumsmodell

zu **279.** 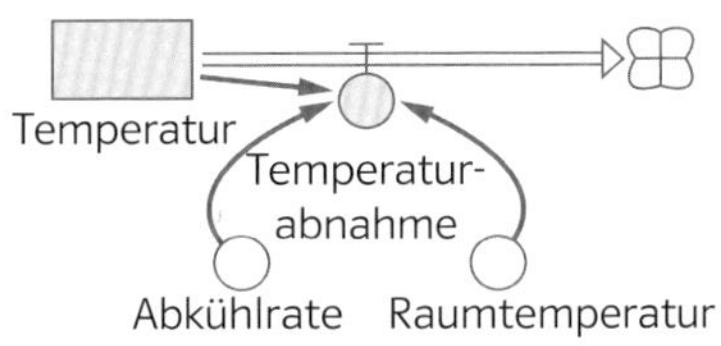

beschränktes Wachstumsmodell

zu **281.** 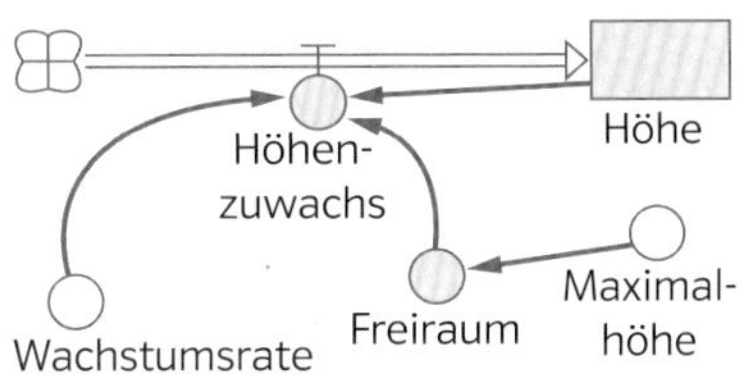

logistisches Wachstumsmodell

295. **a)** $\frac{4758048 - 4441027}{5} = 63404{,}2$ Autos/Jahr

$x_{n+1} = x_n + 63404{,}2$

b) $4758048 = 4441027 \cdot a^5 \quad \rightarrow \quad a \approx 1{,}0139$

Die durchschnittliche jährliche prozentuelle Zunahme ist rund 1,39 %.

$x_{n+1} = 1{,}0139 \cdot x_n$

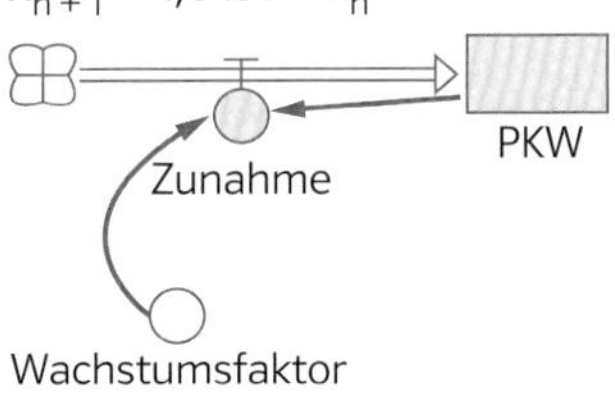

c) Bei beiden Modellen wächst der PKW-Bestand über jede Grenze.
Ein beschränktes bzw. ein logistisches Wachstumsmodell wären realistischer.

d) Es handelt sich um ein diskretes beschränktes Wachstumsmodell, da für $a = 0{,}95$ $(0 < a < 1)$ und $b = 300000$ $(b > 0)$ gilt.

$W = \frac{b}{1-a} = \frac{300000}{1-0{,}95} = 6000000$ … Wachstumsgrenze

$5000000 = \frac{300000}{1-a} \quad \rightarrow \quad a = 0{,}94$

296.–302. Selbstkontrolle (Lösungen im Schulbuch)

303.–307. Kompetenzcheck (Lösungen im Schulbuch)

5 Stetige Zufallsvariablen

Kapitel 5
z53t97

308. **1)** $X = \{0; 1; 2; 3; 4; 5; 6\}$

2)

Anzahl der Sechser x	0	1	2	3	4	5	6
f(x)	≈ 0,335	≈ 0,402	≈ 0,201	≈ 0,054	≈ 0,008	≈ 0,0006	≈ 0,00002

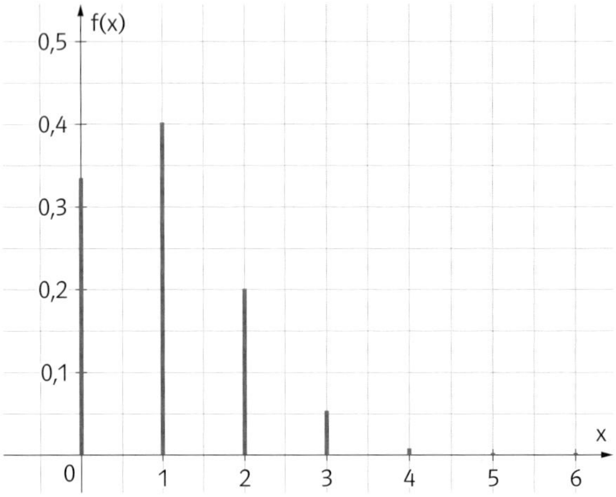

3)

Anzahl der Sechser	0	1	2	3	4	5	6
F(x)	≈ 0,3349	≈ 0,7368	≈ 0,9377	≈ 0,9913	≈ 0,9993	≈ 1	≈ 1

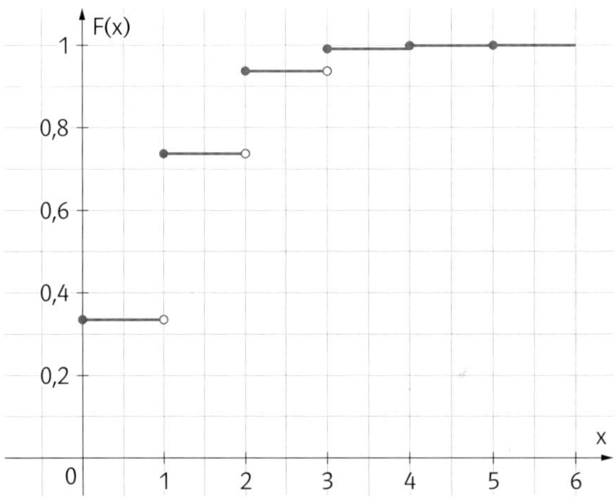

309. Musteraufgabe

310. **a)** diskret, weil die Personenanzahl abzählbar ist. (Man könnte die Personen durchnummerieren.)

b) stetig, weil der Wert der Verweildauer jede reelle Zahl aus einem Intervall (z. B. zwischen 1 Sekunde und 1200 Sekunden) annehmen kann.

c) diskret, weil der Preis nicht jeden Wert aus einem Intervall annehmen kann. (Z. B. sind Werte zwischen 70,02 € und 70,03 € nicht möglich, da die kleinste Geldeinheit 1 Cent ist.)

d) stetig, weil der Wert des Gewichts jede reelle Zahl aus einem Intervall (z. B. zwischen 120 Gramm und 900 Gramm) annehmen kann.

311. **1)** Diese Aussage ist korrekt. Jede stetige Zufallsvariable kann durch die begrenzte Messgenauigkeit als diskrete Zufallsvariable aufgefasst werden.

2) Die Zufallsvariable ist diskret, da durch die bestimmte Anzahl der Wählerinnen und Wähler nur abzählbar viele Prozentwerte als Wahlergebnis zustande kommen können.

312.

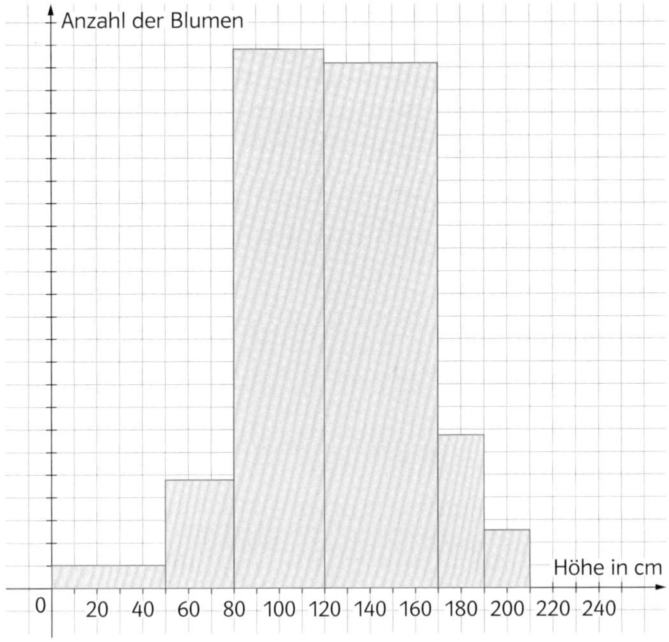

313. **1)** $P(X=6)=\frac{1}{6}$ $\quad P(X=6)=\frac{1}{12}$ $\quad P(X=6)=\frac{1}{100}$

2) Der Würfel wäre eine Kugel. $P(X=6)=\frac{1}{\infty}=?$

314. **1)** $P(X=10)=\frac{1}{10}$ $\quad P(X=100)=\frac{1}{100}$ $\quad P(X=1000)=\frac{1}{1000}$

2) Die Zufallsvariable X kann unendlich viele Werte annehmen. $P(X=1)=\frac{1}{\infty}=?$

315. Musteraufgabe

316. **a)** Dichtefunktion

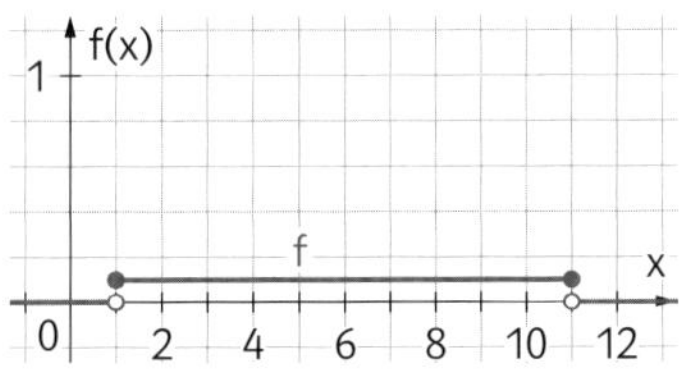

b) keine Dichtefunktion

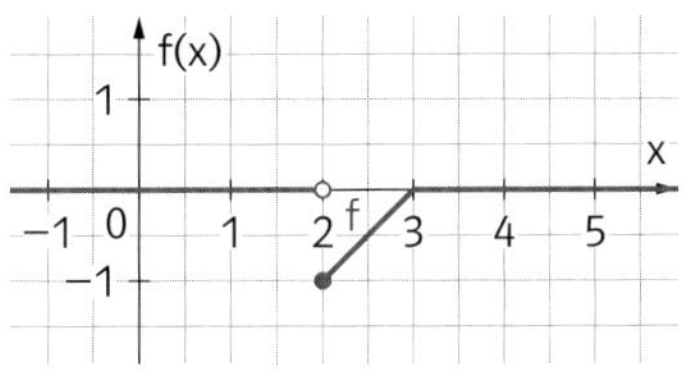

c) Dichtefunktion

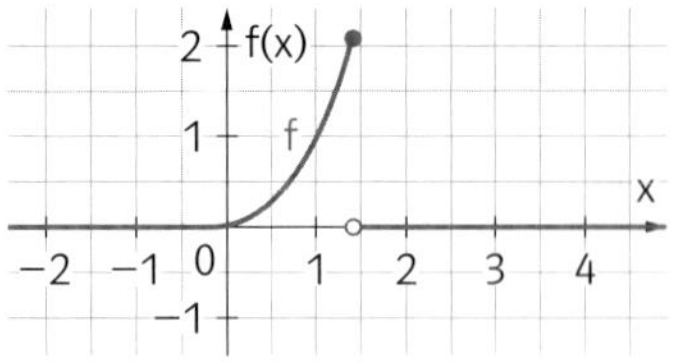

d) Dichtefunktion

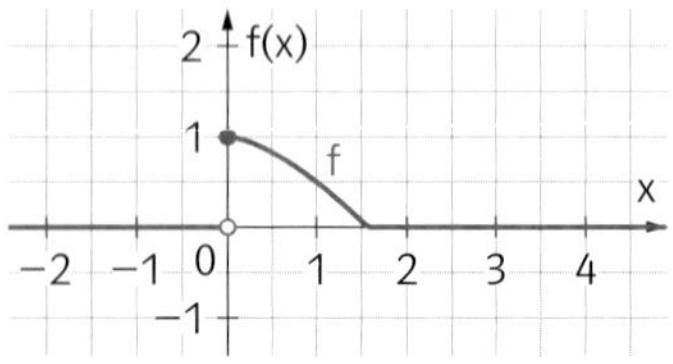

e) keine Dichtefunktion

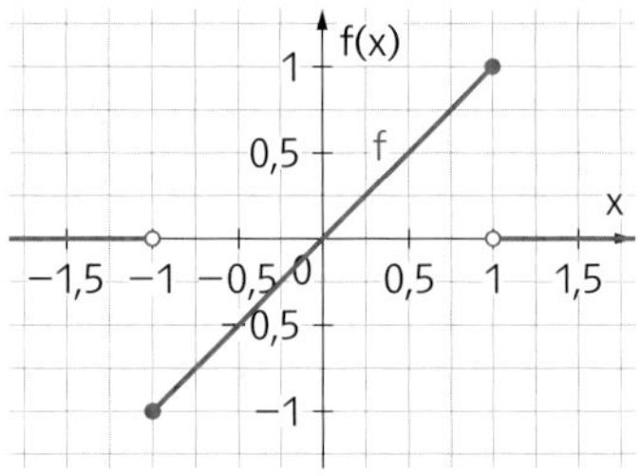

f) keine Dichtefunktion

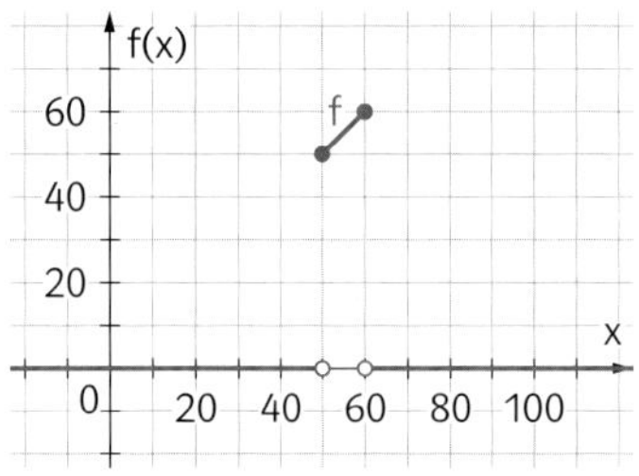

317. A

318. Musteraufgabe

319. **a)** $P(1 \leqslant X \leqslant 3) = 0{,}75$

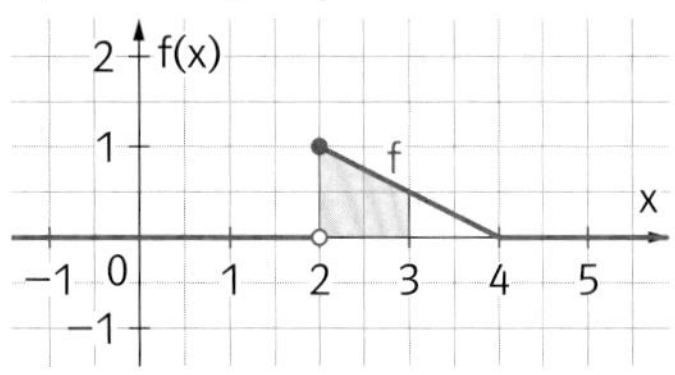

b) $P(X \leqslant 3) = 0{,}75$

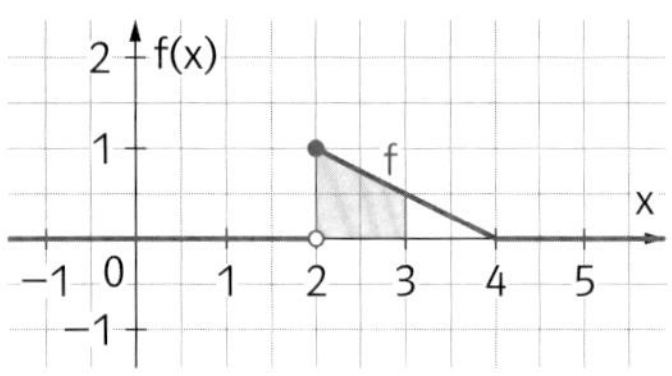

c) $P(1 \leq X) = 1$

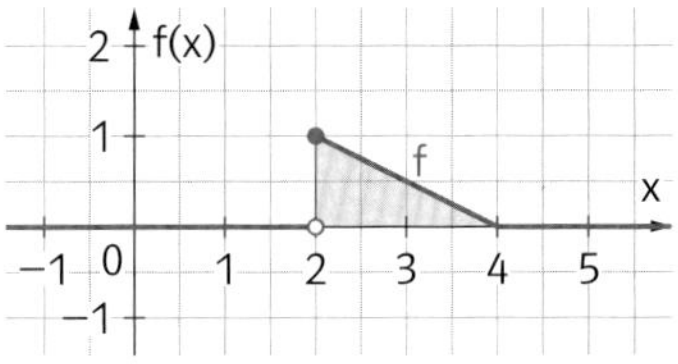

d) $P(2 \leq X \leq 4) = 1$

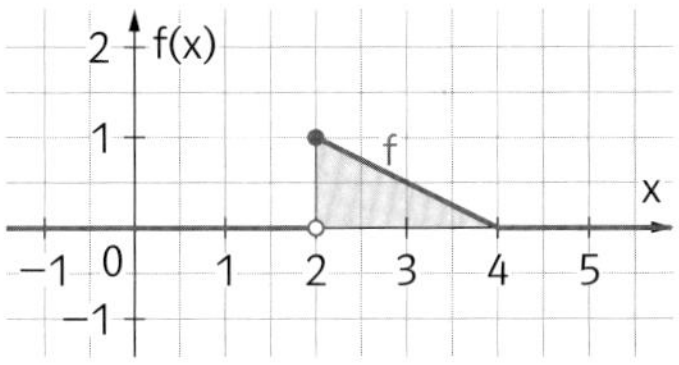

e) $P(0 \leq X \leq 2) = 0$

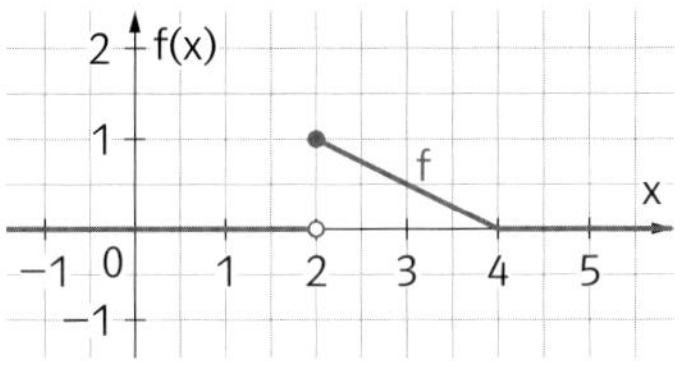

f) $P(X = 3) = 0$

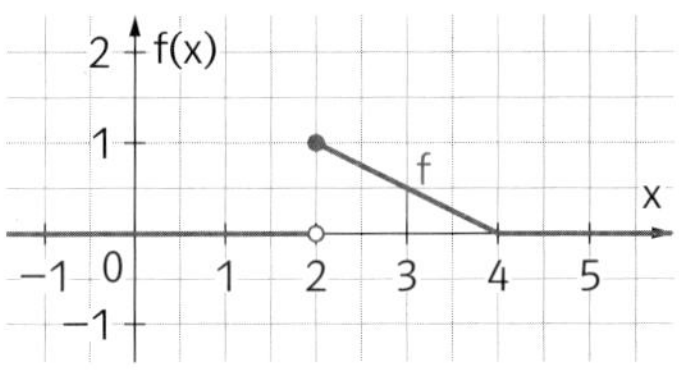

g) $P(-5 \leq X \leq 5) = 1$

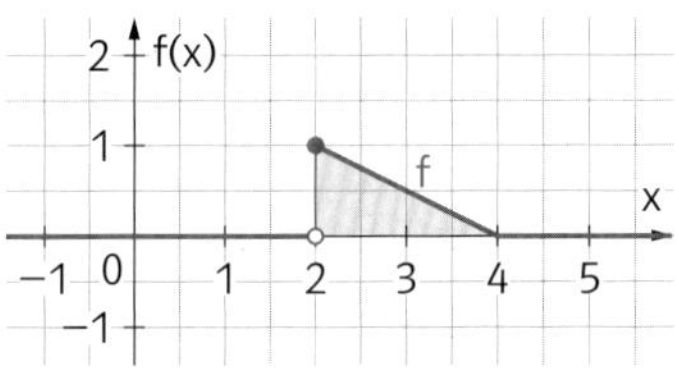

h) $P(X = 4) = 0$

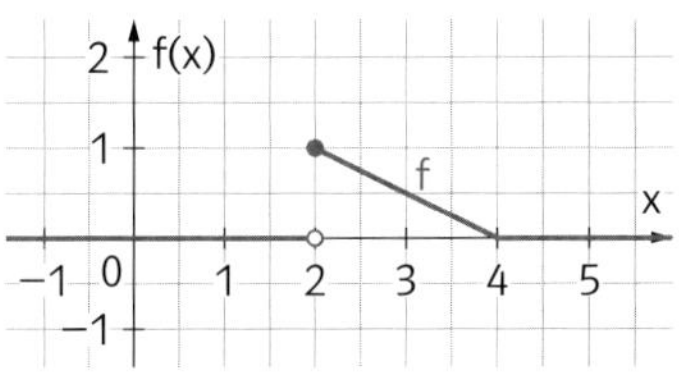

320. a) $P(1 < X < 2) = 0{,}7$

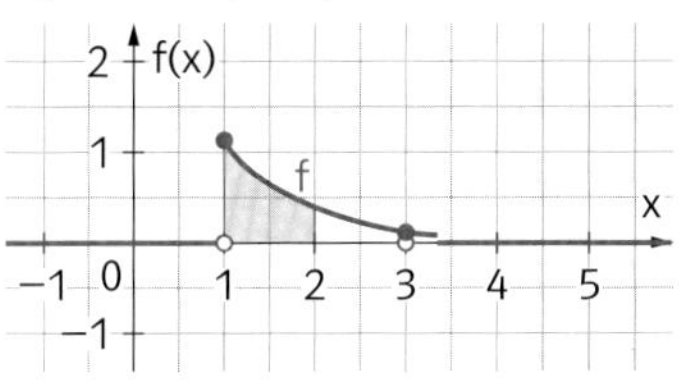

b) $P(2 < X < 3) = 0{,}45$

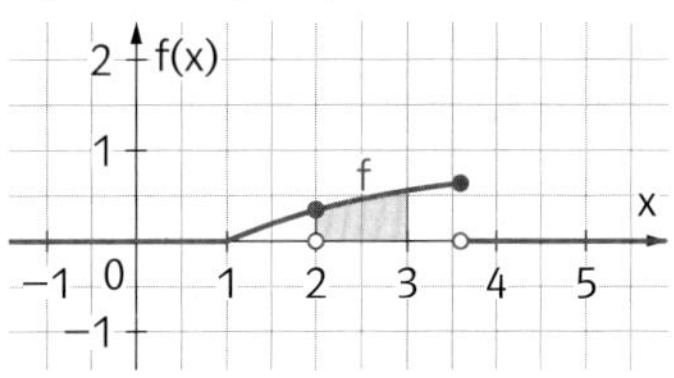

321. A, C

322. Musteraufgabe

323. a)

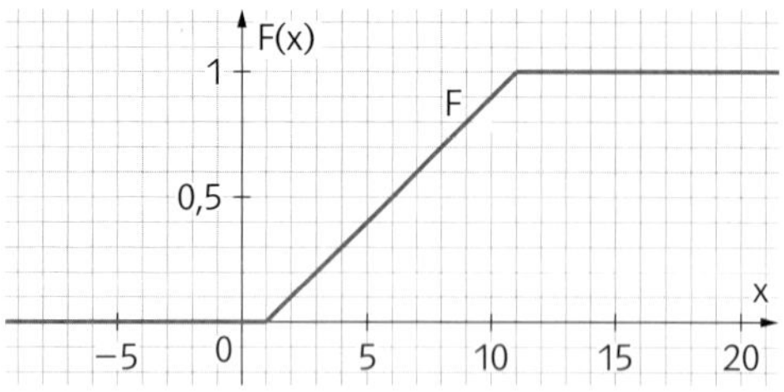

b)

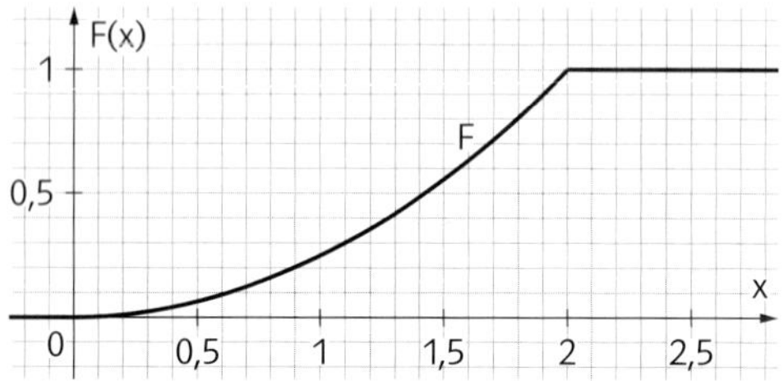

c)

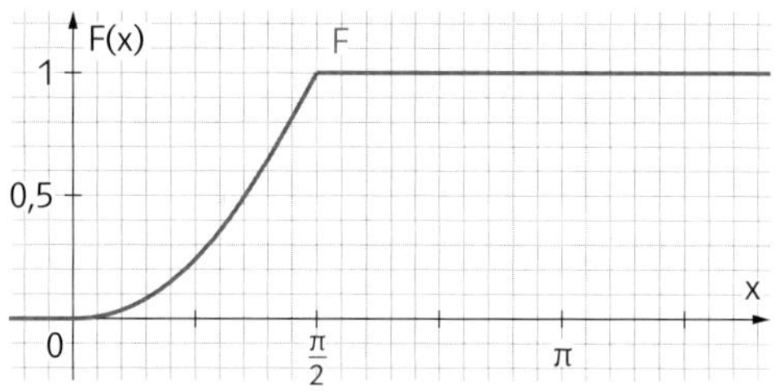

324. 1)

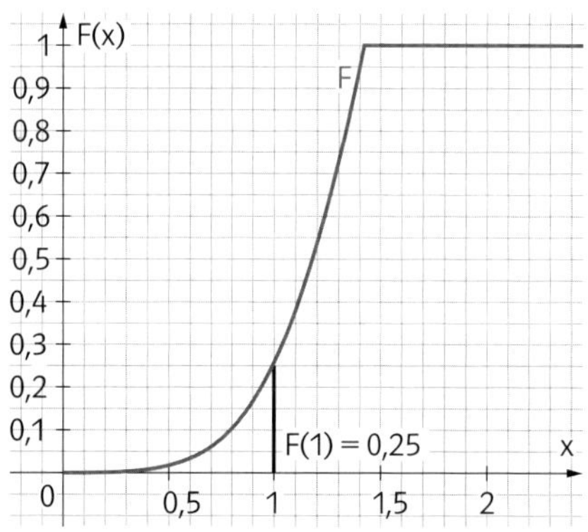

3)

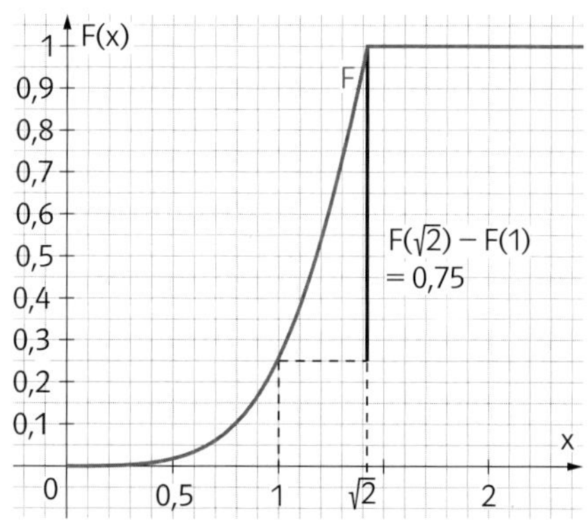

2)

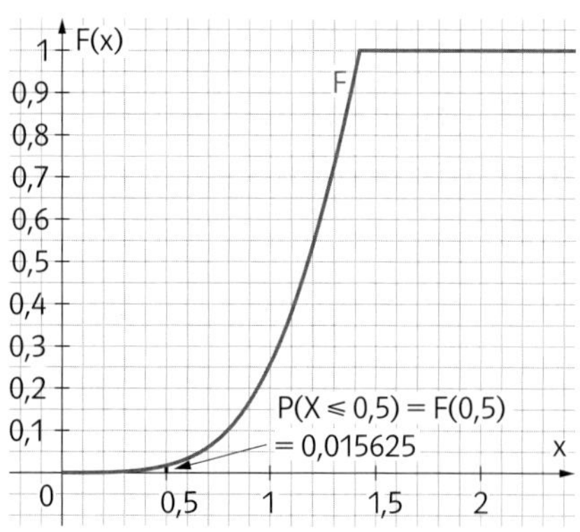

4)

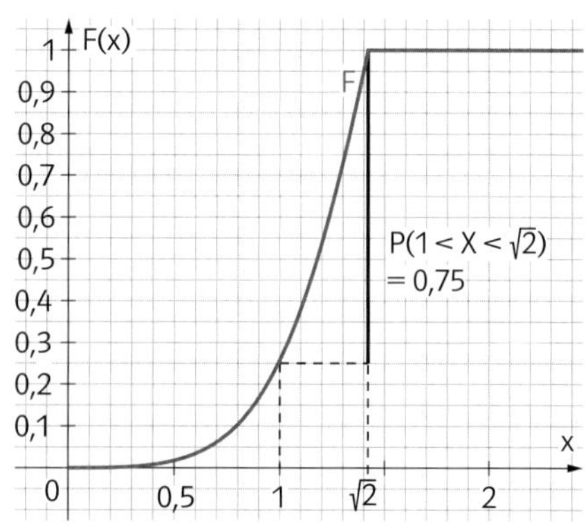

325. B, C, E

326. **a)** $P(X \leq 30)$

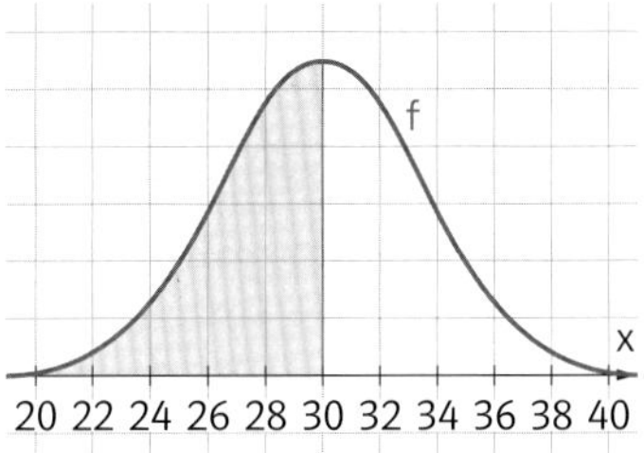

b) $P(X \leq 25)$

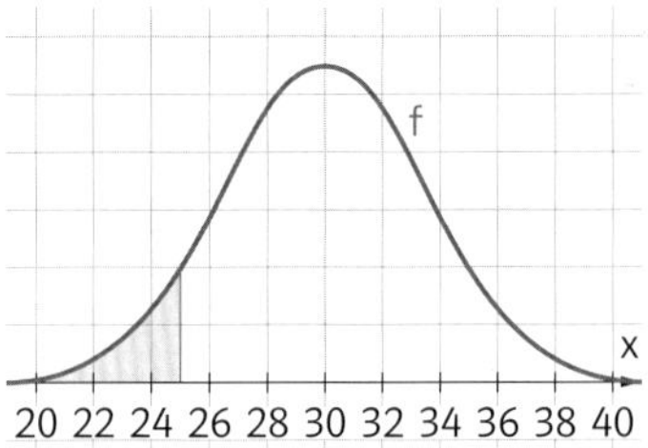

c) $P(23 \leq X \leq 33)$

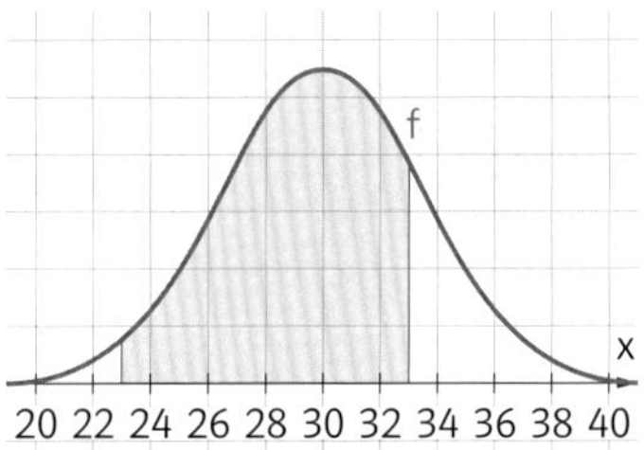

d) $P(20 \leq X \leq 27)$

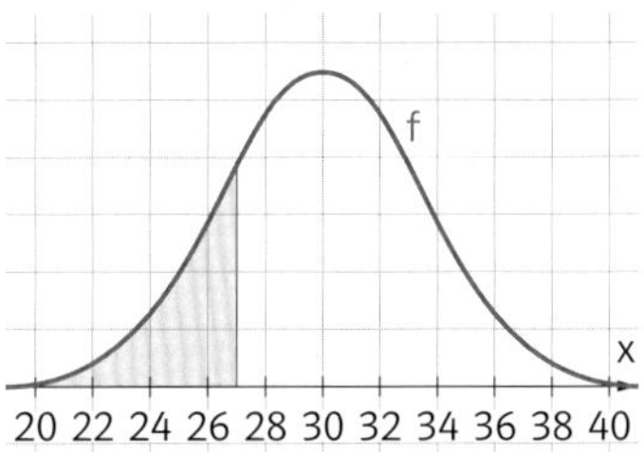

e) $P(25 < X)$

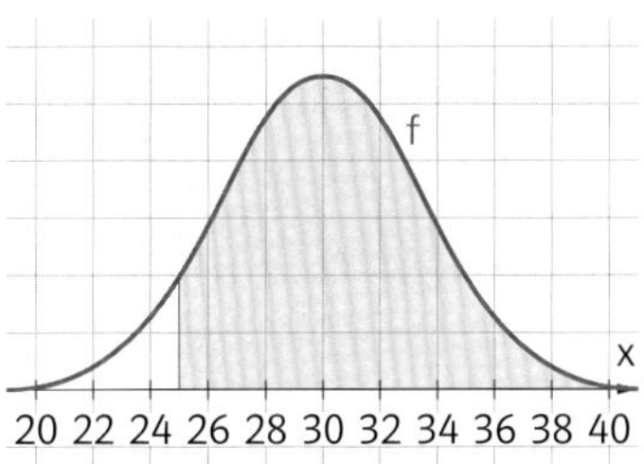

f) $P(30 < X)$

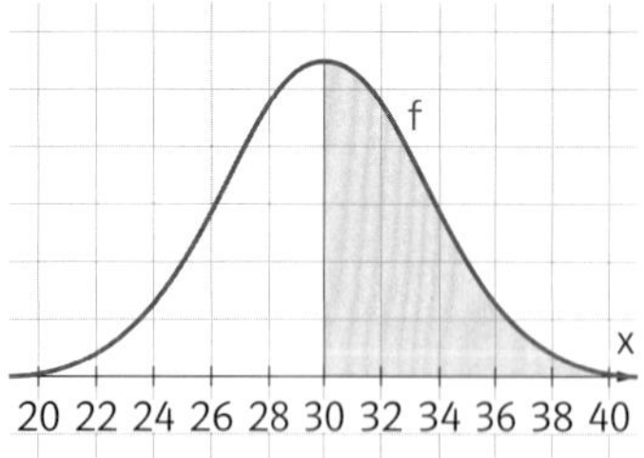

327. **1)** **a)** $F(a)$ **b)** $1 - F(a)$ **c)** $F(b) - F(a)$ **d)** $F(a)$ **e)** $1 - F(a)$ **f)** $F(a)$ **g)** $1 - [F(b) - F(a)]$ **h)** $1 - [F(b) - F(a)]$

2) **a)**

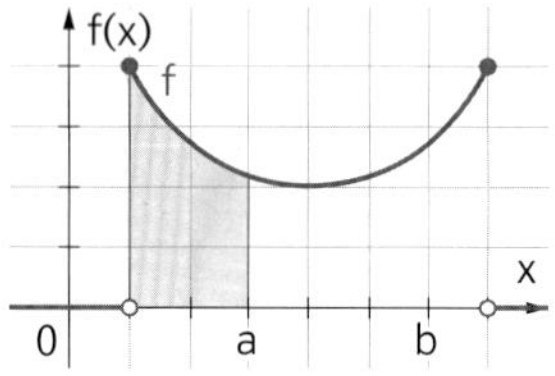

b)

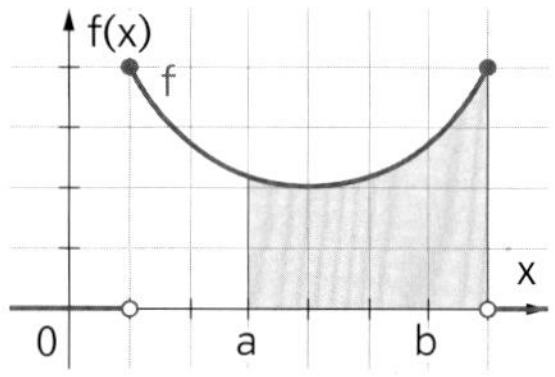

c)

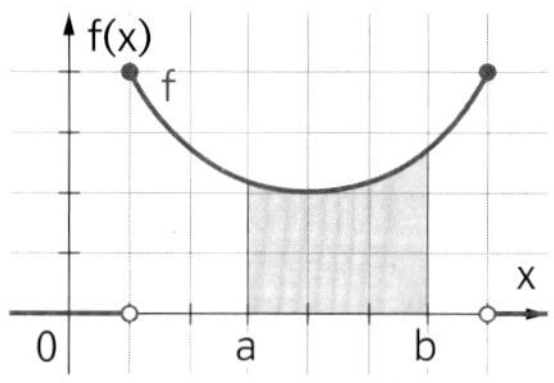

d)

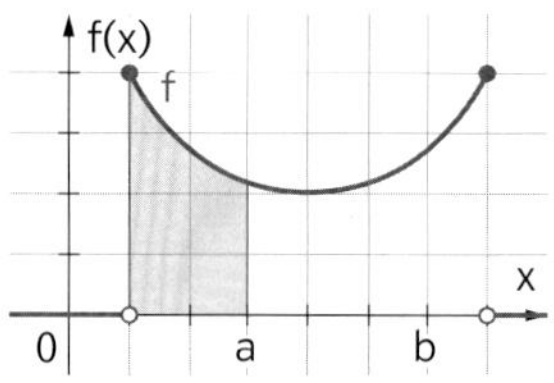

e)

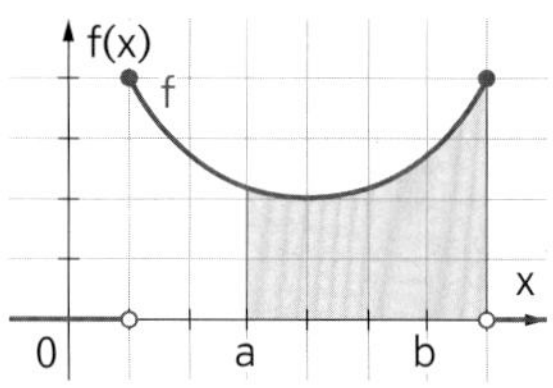

f)

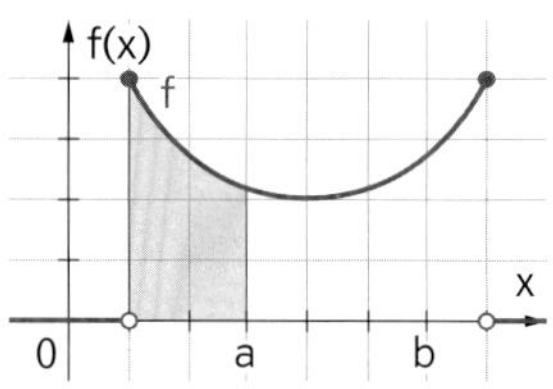

g)

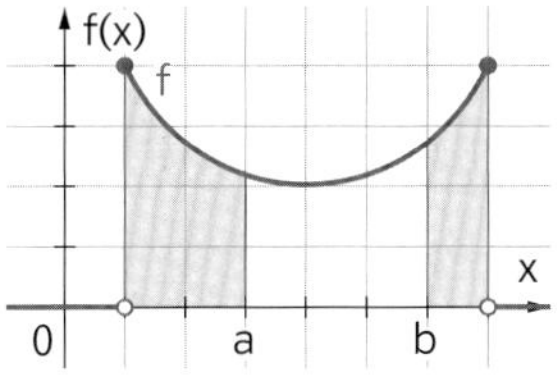

h)

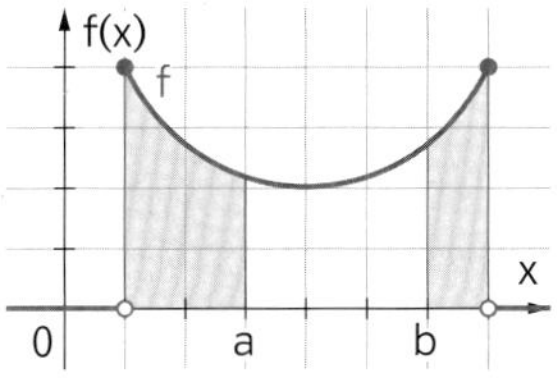

328. a: $P(X \leq 28)$; b: $P(X > 31)$; c: $P(28 \leq X \leq 31)$

329. **a)** **1)** 0 **2)** 0,3 **3)** 1

b) 0,5

c) maximal ca 3,2 Jahre; minimal ca 1,8 Jahre

d)

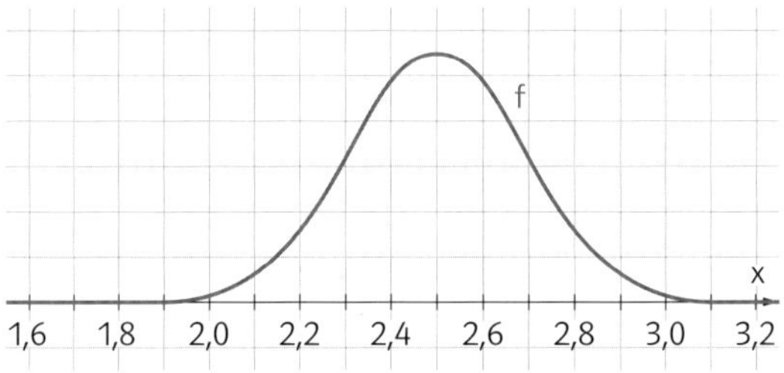

330. **a)** Die Wahrscheinlichkeit, dass ein Apfel weniger oder gleich viel wie 150 g wiegt.

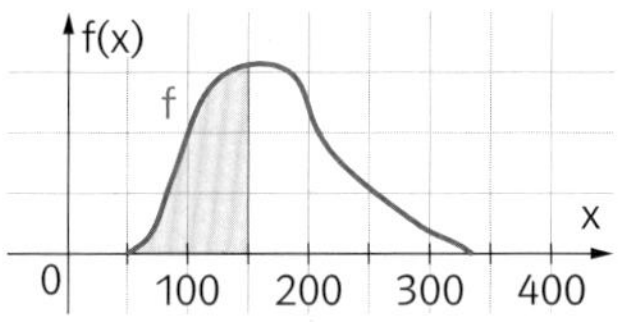

b) Die Wahrscheinlichkeit, dass ein Apfel zwischen 200 g und 250 g wiegt.

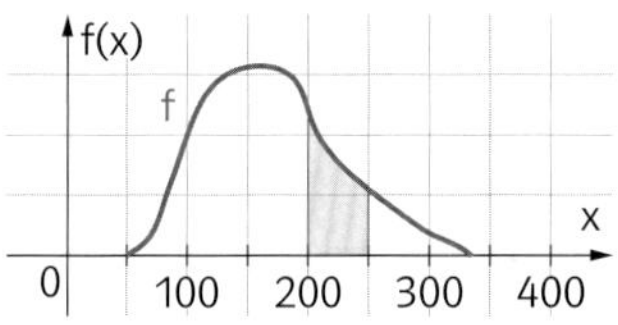

c)

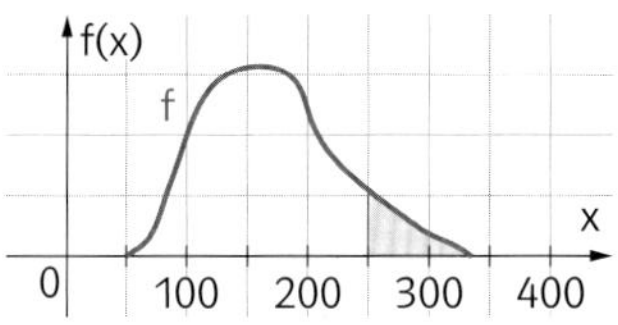

331. $E(X) = 7$ $\sigma = 2{,}42$

332. Musteraufgabe

333. **a)** **1)** 0 **2)** 0,8944 **3)** 0,63

b) **1)** 2 **2)** 2 **3)** 0,86

334. **1)** 5
Die Wartezeit bis zur nächsten Bahn beträgt durchschnittlich 5 Minuten.
2) $\approx 2{,}887$
3) $\approx 0{,}577$
Die Wahrscheinlichkeit, dass eine Bahn im Intervall [2,11 min; 7,89 min] kommt ist ca. 0,577.

335. **a)** $F(a) = 0$, $F(b) = 1$
b) $f(x) = 0{,}125$
c) $\int_a^b \left(\frac{1}{b-a}\right) \cdot x\,dx = \frac{a^2 - b^2}{2(a-b)} = \frac{a+b}{2}$

336. **a)** $\int_0^3 \frac{(x-3)^2}{9}\,dx = 1$, daher muss f(x) außerhalb dieses Intervalls 0 sein (Definition Dichtefunktion)
b) $x = 0$
c) $x = 1{,}61$
d)
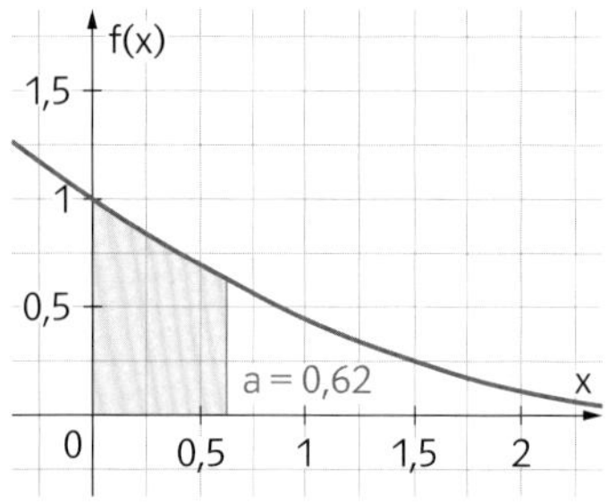

337. **a)** 0,48
b) 40 000 €
c) Max von f: $\left(\frac{10}{3}; 0{,}1777\right)$; Wendepunkt von F (im Intervall 0 bis 10) ist an der Stelle $x = \frac{10}{3}$; Krümmung wechselt von positiv in negativ

338.–342. Selbstkontrolle (Lösungen im Schulbuch)

6 Normalverteilte Zufallsvariablen

Kapitel 6
n7fh7v

343. a) $\mu = 3$; $\sigma = 5$

1)

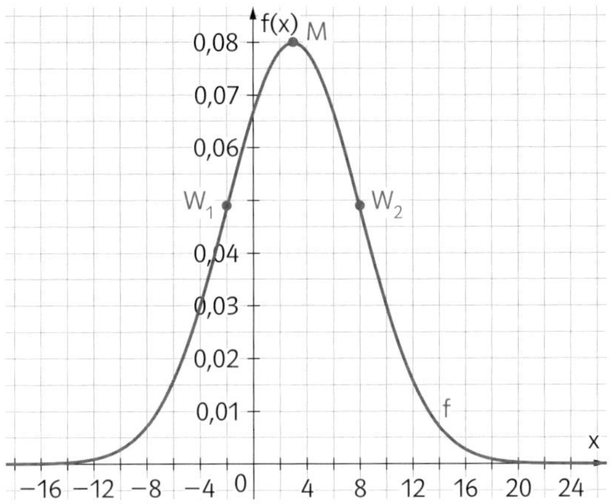

2) Maximum: (3 | 0,08) Das Maximum ist an der Stelle μ.

3) $W_1 = (-2 \mid 0{,}05)$; $W_2 = (8 \mid 0{,}05)$ Die Wendepunkte sind an den Stellen $\mu - \sigma$ und $\mu + \sigma$.

b) $\mu = -3$; $\sigma = 3$

1)

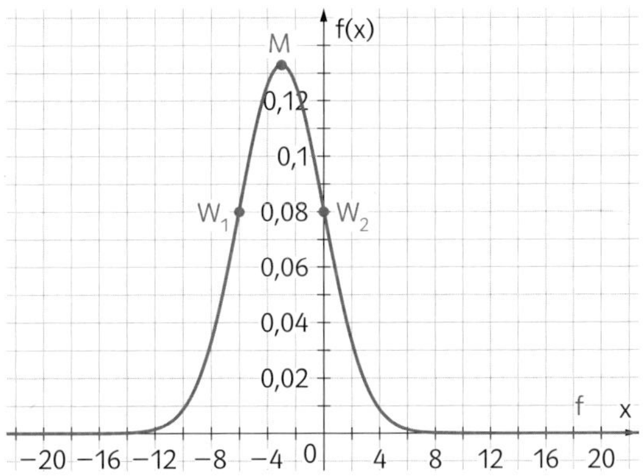

2) Maximum: (−3 | 0,13) Das Maximum ist an der Stelle μ.

3) $W_1 = (-6 \mid 0{,}08)$; $W_2 = (0 \mid 0{,}08)$ Die Wendepunkte sind an den Stellen $\mu - \sigma$ und $\mu + \sigma$.

c) $\mu = 0$; $\sigma = 3$

1)

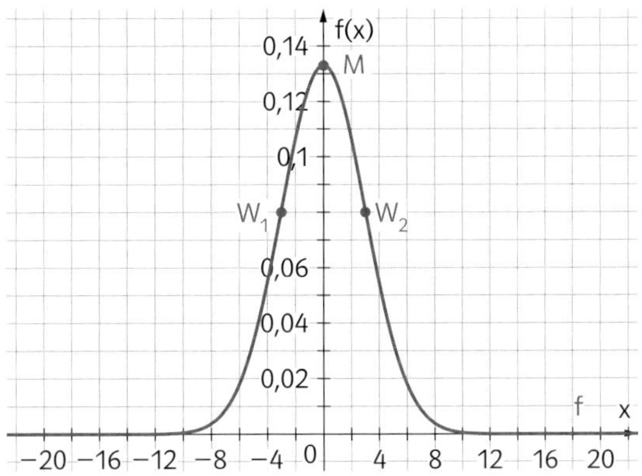

2) Maximum: (0 | 0,13) Das Maximum ist an der Stelle μ.

3) $W_1 = (-3 | 0{,}08)$; $W_2 = (3 | 0{,}08)$ Die Wendepunkte sind an den Stellen $\mu - \sigma$ und $\mu + \sigma$.

d) $\mu = 0$; $\sigma = 1$

1)

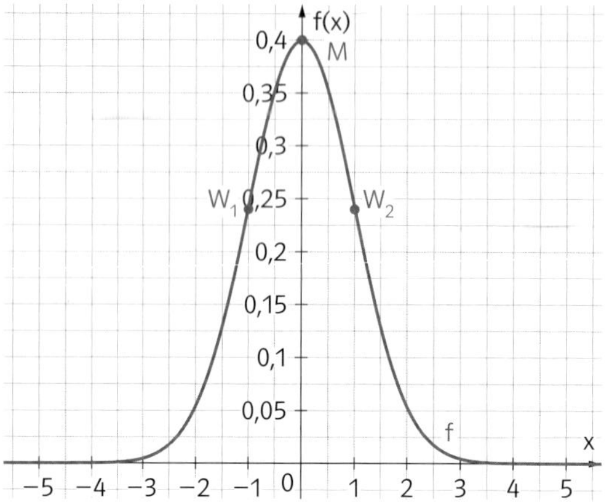

2) Maximum: (0 | 0,4) Das Maximum ist an der Stelle μ.

3) $W_1 = (-1 | 0{,}24)$; $W_2 = (1 | 0{,}24)$ Die Wendepunkte sind an den Stellen $\mu - \sigma$ und $\mu + \sigma$.

e) $\mu = 3$; $\sigma = 1$

1)

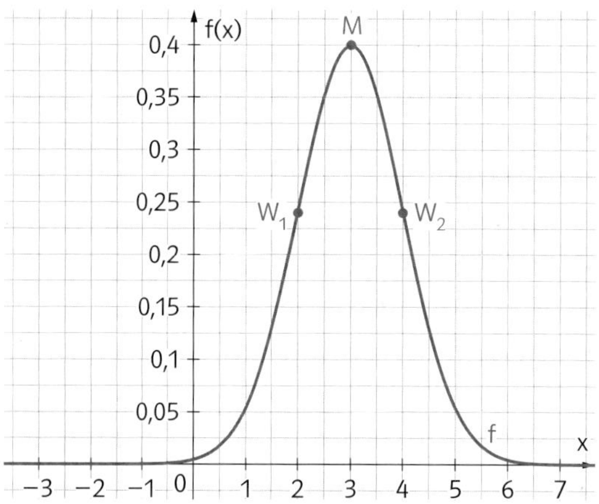

2) Maximum: (3 | 0,4) Das Maximum ist an der Stelle μ.

3) $W_1 = (2 | 0{,}24)$; $W_2 = (4 | 0{,}24)$ Die Wendepunkte sind an den Stellen $\mu - \sigma$ und $\mu + \sigma$.

f) $\mu = 5$; $\sigma = 5$

1)

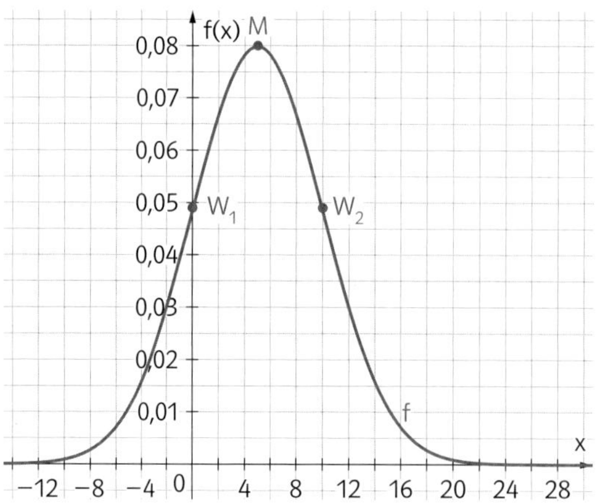

2) Maximum: (5 | 0,08) Das Maximum ist an der Stelle μ.

3) $W_1 = (0 \mid 0{,}05)$; $W_2 = (10 \mid 0{,}05)$ Die Wendepunkte sind an den Stellen $\mu - \sigma$ und $\mu + \sigma$.

344. a: $\mu = 24$; $\sigma = 4$

$f(x) = \frac{1}{\sqrt{32\pi}} e^{-\frac{1}{2}\left(\frac{x-24}{4}\right)^2}$

Extremstelle: $x = 24$

Wendestellen: $x_1 = 20$; $x_2 = 28$

b: $\mu = 18$; $\sigma = 4$

$f(x) = \frac{1}{\sqrt{2\pi} \cdot 4} e^{-\frac{1}{2}\left(\frac{x-18}{4}\right)^2}$

Extremstelle: $x = 18$

Wendestellen: $x_1 = 14$; $x_2 = 22$

c: $\mu = 30$; $\sigma = 4$

$f(x) = \frac{1}{\sqrt{2\pi} \cdot 4} e^{-\frac{1}{2}\left(\frac{x-30}{4}\right)^2}$

Extremstelle: $x = 30$

Wendestellen: $x_1 = 26$; $x_2 = 34$

d: $\mu = 18$; $\sigma = 12$

$f(x) = \frac{1}{\sqrt{2\pi} \cdot 12} e^{-\frac{1}{2}\left(\frac{x-18}{12}\right)^2}$

Extremstelle: $x = 18$

Wendestellen: $x_1 = 6$; $x_2 = 30$

e: $\mu = 30$; $\sigma = 12$

$f(x) = \frac{1}{\sqrt{2\pi} \cdot 12} e^{-\frac{1}{2}\left(\frac{x-30}{12}\right)^2}$

Extremstelle: $x = 30$

Wendestellen: $x_1 = 18$; $x_2 = 42$

f: $\mu = 24$; $\sigma = 6$

$f(x) = \frac{1}{\sqrt{2\pi} \cdot 6} e^{-\frac{1}{2}\left(\frac{x-24}{6}\right)^2}$

Extremstelle: $x = 24$

Wendestellen: $x_1 = 18$; $x_2 = 30$

345. 1 C, 2 F, 3 A, 4 B

346. **a)**

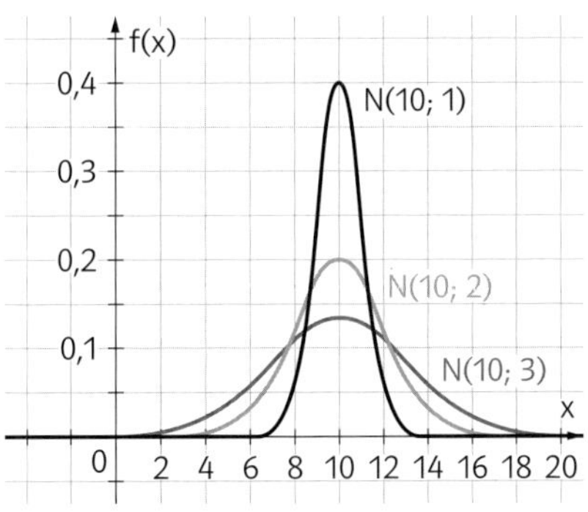

Die Stelle der Maxima ist gleich.

Je größer σ, desto kleiner ist der Funktionswert des Maximums und desto breiter ist der Graph.

b)

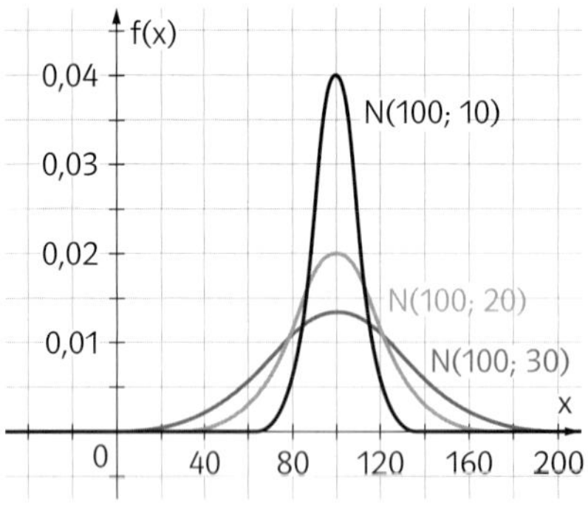

Die Stelle der Maxima ist gleich.
Je größer σ, desto kleiner ist der Funktionswert des Maximums und desto breiter ist der Graph.

c)

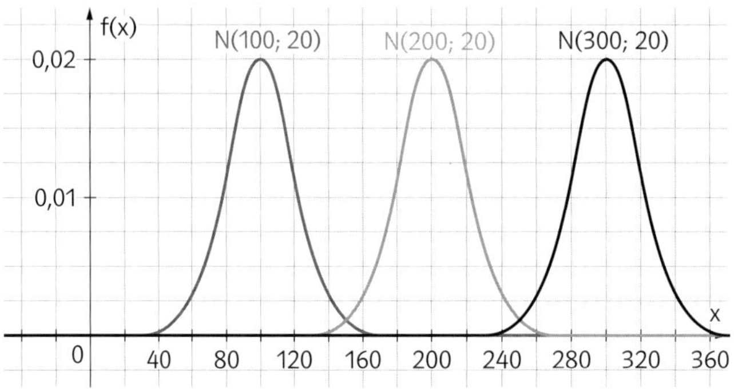

Die Maxima der Graphen sind unterschiedlich.
Die Form der Graphen bleibt gleich.

d)

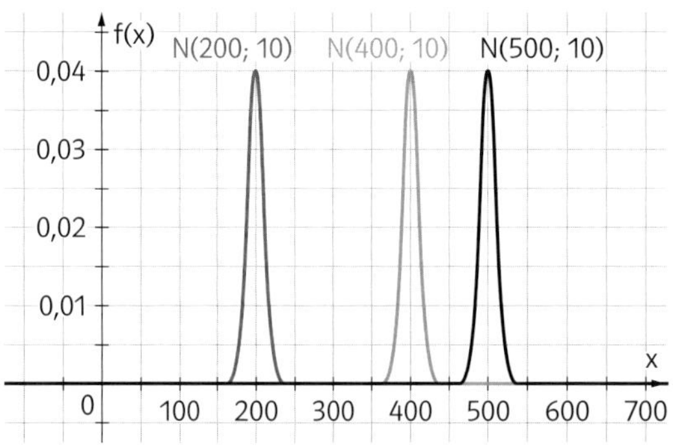

Die Maxima der Graphen sind unterschiedlich.
Die Form der Graphen bleibt gleich.

347. **a)** **1)** links **2)** bleibt gleich
b) **1)** wird kleiner **2)** breiter

348. **a)** Mit einem elektronischen Hilfsmittel löst man die Gleichung $f'(x) = 0$ und erhält als Stelle des Maximums $x = \mu$. (Bei GeoGebra im CAS-Fenster „Gleichung exakt lösen".)
b) Mit einem elektronischen Hilfsmittel löst man die Gleichung $f''(x) = 0$ und erhält als Wendestellen $\mu - 5$ und $\mu + 5$.
c) Kann man zeigen, indem man zeigt, dass $f(\mu - c) = f(\mu + c)$ für alle $c \in \mathbb{R}$

349. Musteraufgabe

350. **a)** 0,0228 **b)** 0,9772 **c)** 0,5 **d)** 0,0668

351. a) 0,5 b) 0,9522 c) 0,2023 d) 0,8944

352. a) 0,687 b) 0,4834 c) 0,6827 d) 0,0026

353. a) 0,1336 b) 0,8085 c) 0,0005

354. a) 0,0455 b) 0,9545 c) 0,3413 d) 0,8413 e) ≈ 1

355. a) 1868 b) 3433 c) 6716 d) 8130 e) 3433 f) 3741

356. a) Die Behauptung ist richtig, da der Erwartungswert der durchschnittlichen Wartezeit entspricht.
b) Dass man maximal 9 Minuten wartet, ist laut Rechnung (laut Modell) so gut wie sicher.
Die Wahrscheinlichkeit beträgt 0,99997 also beinahe 1. In der Praxis ist es aber durchaus vorstellbar, dass man (selten aber doch) mehr als 9 Minuten wartet (infolge einer Betriebsstörung u.s.w). Die Annahme der Normalverteilung ist ein Modell und dieses gilt nur in einem bestimmten Bereich unter bestimmten Annahmen.
c) Die Wahrscheinlichkeit, dass man weniger als 5 Minuten wartet beträgt rechnerisch genau 50 %. Wenn man mit „die meisten" mehr als 50 % meint, dann ist die Aussage des Leiters laut Modell nicht richtig.

357. A, B, E

358. Im Modell der Normalverteilung wird die Wahrscheinlichkeit für ein Ereignis nie null.
Die besagte Wahrscheinlichkeit beträgt ungefähr 0,00003. Es kommt also darauf an, auf wie viele Stellen man die Wahrscheinlichkeit rundet. Da eine Rundung auf 4 Stellen durchaus üblich ist, kann das Ergebnis als richtig betrachtet werden.

359. Man könnte zum Beispiel eine statistische Untersuchung einer (großen) Stichprobe machen, ein passendes Histogramm erstellen und schauen, inwieweit das Histogramm der Dichtefunktion einer Normalverteilung entspricht.

360. a) $P(X < 97) = P(X \leqslant 97)$
$P(X < 97) = 0{,}15866$ $\quad P(X \leqslant 97) = 0{,}15866$
b) $P(X \leqslant 95) = 1 - P(X > 95)$
$P(X \leqslant 95) = 0{,}04779$ $\quad P(X > 95) = 0{,}95221$
c) $P(X \geqslant 104) = 1 - P(X < 104)$
$P(X \geqslant 104) = 0{,}09121$ $\quad 1 - P(X < 104) = 0{,}09121$
d) $1 - 2 \cdot P(X \leqslant 96) = P(96 < X < 104)$
$P(X \leqslant 96) = 0{,}09121$ $\quad P(96 < X < 104) = 0{,}81758$
e) $P(X < 93) = P(X > 107)$
$P(X < 93) = 0{,}00982$ $\quad P(X > 107) = 0{,}00982$
f) $P(X > 94) = P(X < 106)$
$P(X > 94) = 0{,}97725$ $\quad P(X < 106) = 0{,}97725$

361. a) 0,8
b) 0,2
c) 0,6
d) 0,3
e) 0,3

362. a) 0,6
b) 0,5
c) 0,4
d) 0,1

363. **a)** 2b **b)** 0,5 – b **c)** 0,5 – b **d)** b

364. **a)** **1)** 0,932

2)

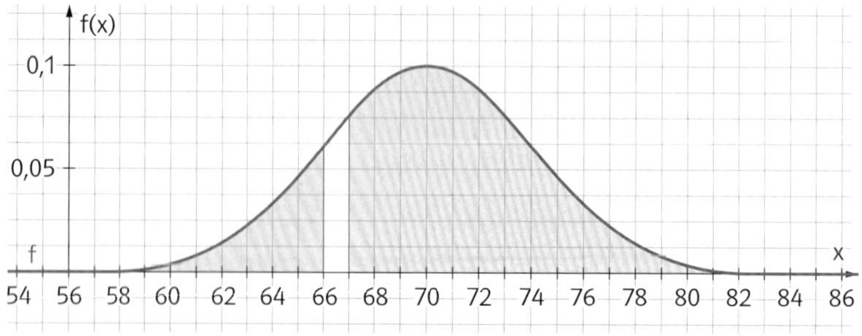

3) Der Wert gibt die Wahrscheinlichkeit dafür an, dass jemand weniger als 66 kg und mehr als 67 kg wiegt, an.

b) **1)** 0,1587

2)

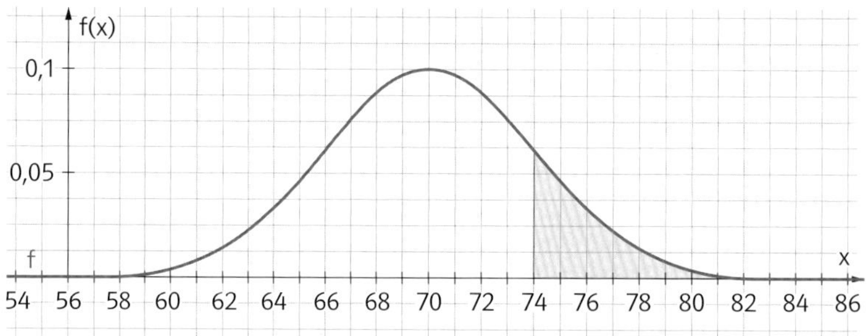

3) Der Wert gibt die Wahrscheinlichkeit dafür an, dass jemand mehr als 74 kg wiegt.

c) **1)** 0,4013

2)

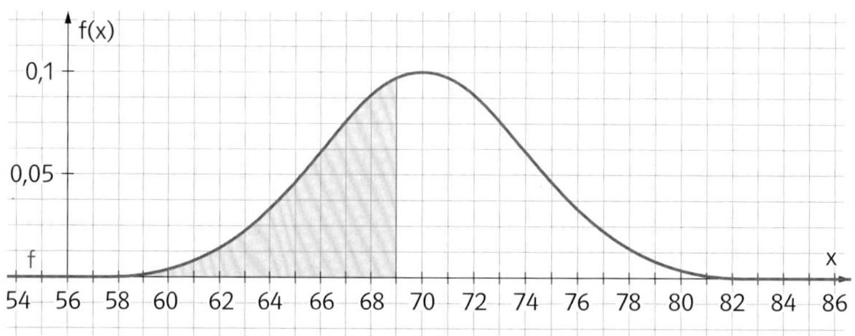

3) Der Wert gibt die Wahrscheinlichkeit dafür an, dass jemand weniger als 69 kg wiegt.

d) **1)** 0,5858

2)

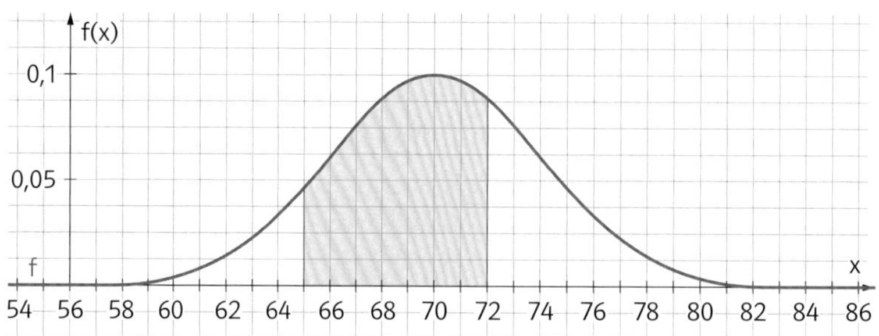

3) Der Wert gibt die Wahrscheinlichkeit dafür an, dass jemand zwischen 65 kg und 72 kg wiegt.

e) 1) 0,4938

2)

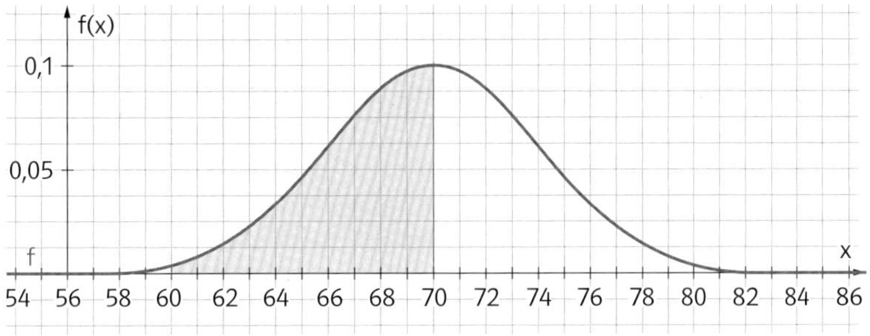

3) Der Wert gibt die Wahrscheinlichkeit dafür an, dass jemand zwischen 60 kg und 70 kg wiegt.

f) 1) 0,0562

2)

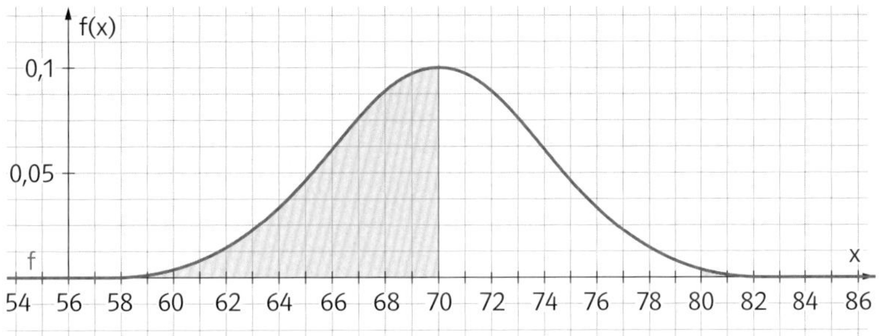

3) Der Wert gibt die Wahrscheinlichkeit dafür an, dass jemand weniger als 70 kg und mehr als 80 kg wiegt.

365. A, B, C, D, E

366. 1 C, 2 F, 3 E, 4 D

367. Musteraufgabe

368. a) 68,3 %
b) 95,4 %
c) 15,85 %
d) 0,15 %

369. a) 34,15 %
b) 47,7 %
c) 2,3 %
d) 2,3 %

370. a) [740; 1040]
b) [840; 940]
c) [790; 990]

371. a) Z. B. nehme man eine N(30; 5)-verteilte Zufallsvariable. Dann ist $P(25 < X < 35) = 0{,}683$.
b) Z. B. nehme man eine N(30; 5)-verteilte Zufallsvariable. Dann ist $P(20 < X < 40) = 0{,}954$.
c) Z. B. nehme man eine N(30; 5)-verteilte Zufallsvariable. Dann ist $P(15 < X < 45) = 0{,}997$.

372. Musteraufgabe

373. a) F(10)
b) F(4) – F(2)
c) 1 – F(11)
d) F(b) – F(a)
e) F(8) – F(7)
f) F(a) + 1 – F(b)

374. a) 1 – F(23)
b) F(a)
c) F(23) – F(20)
d) 1 – F(a)
e) F(b) – F(a)

375. a) 0,7; z. B.: Die Wahrscheinlichkeit, dass die Zufallsvariable einen Wert kleiner als b annimmt.
b) 0,4; z. B.: Die Wahrscheinlichkeit, dass die Zufallsvariable einen Wert zwischen a und b annimmt.
c) 0,3; z. B.: Die Wahrscheinlichkeit, dass die Zufallsvariable einen Wert größer als b annimmt.
d) 0,7; z. B.: Die Wahrscheinlichkeit, dass die Zufallsvariable einen Wert größer als a annimmt.
e) 0,2; z. B.: Die Wahrscheinlichkeit, dass die Zufallsvariable einen Wert zwischen a und dem Erwartungswert annimmt.

376. B, C, D, E

377. a) F(a)
b) F(b) – F(a)
c) 1 – F(b)
d) 2 · F(a)

378. a)

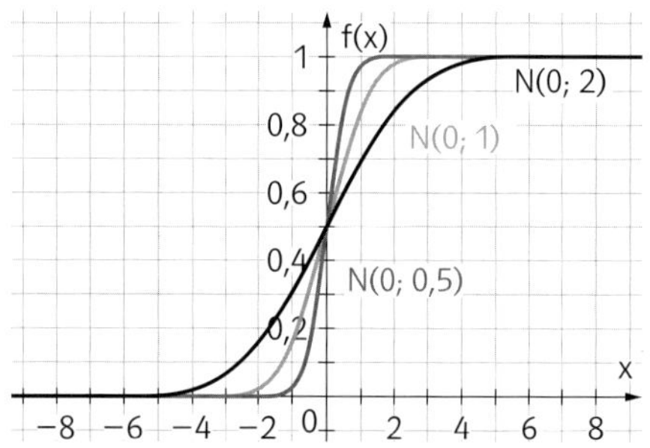

b)

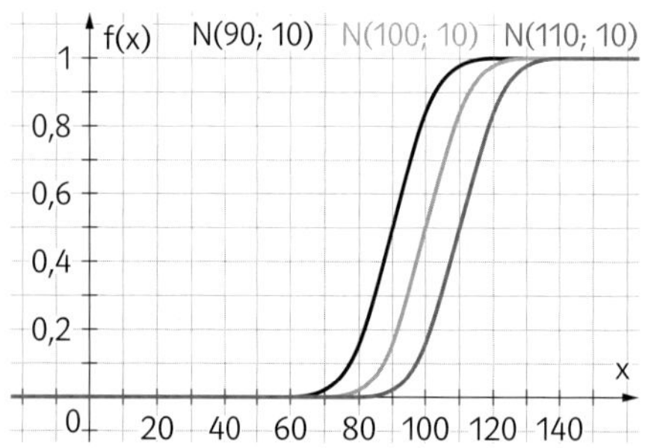

379. a)

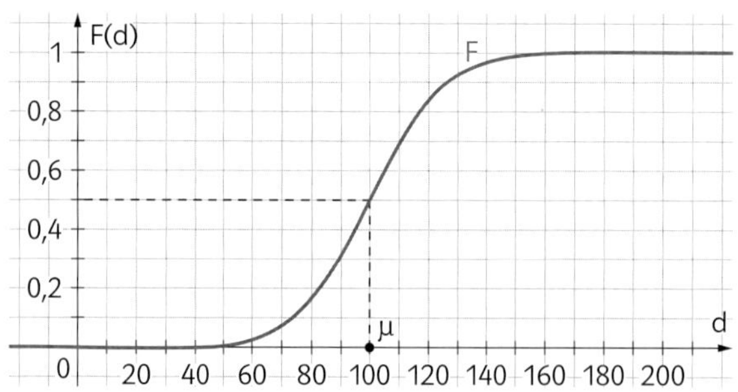

b)

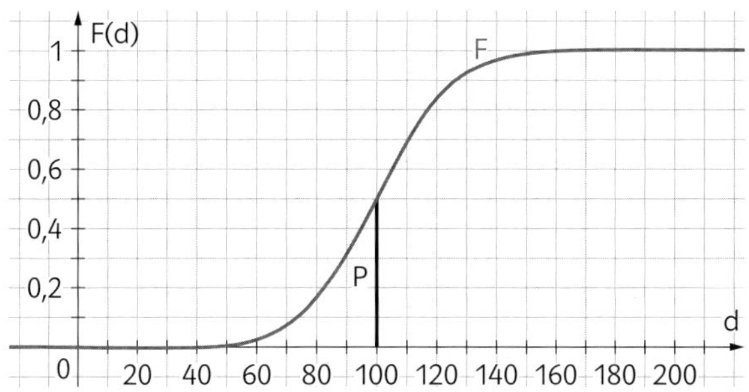

c)

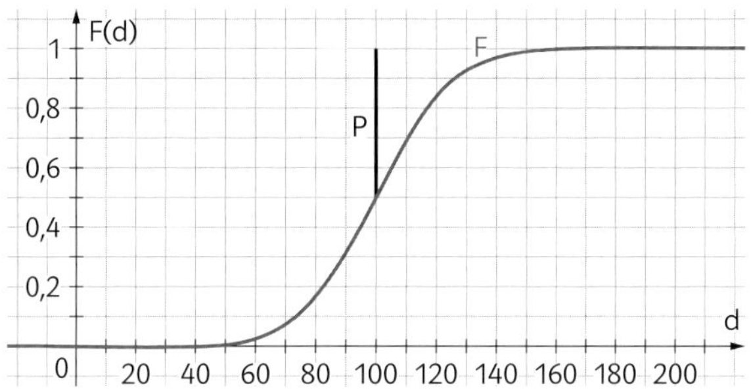

d)

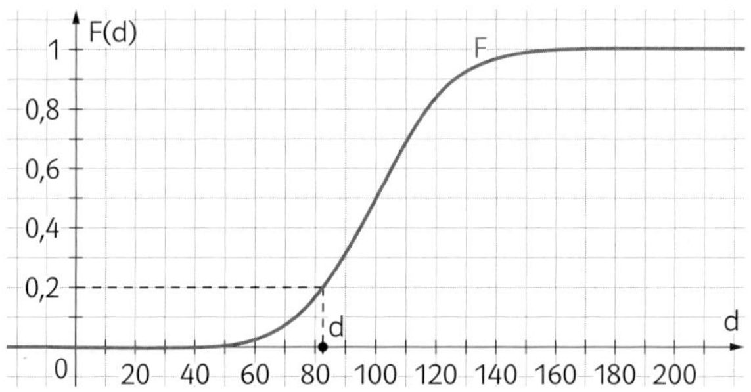

e)

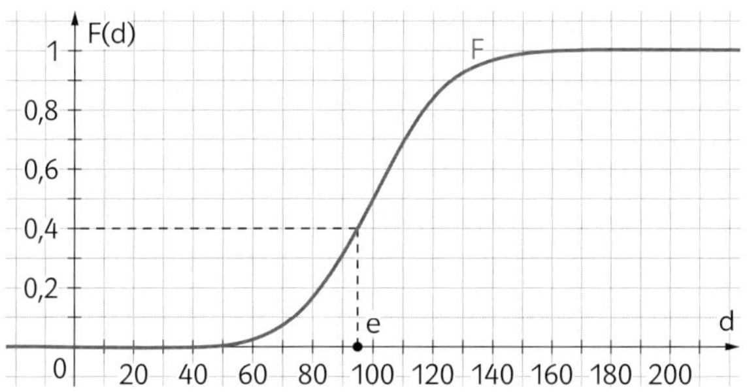

380. A, C, E

381. B, C, D, E

382. **a)**

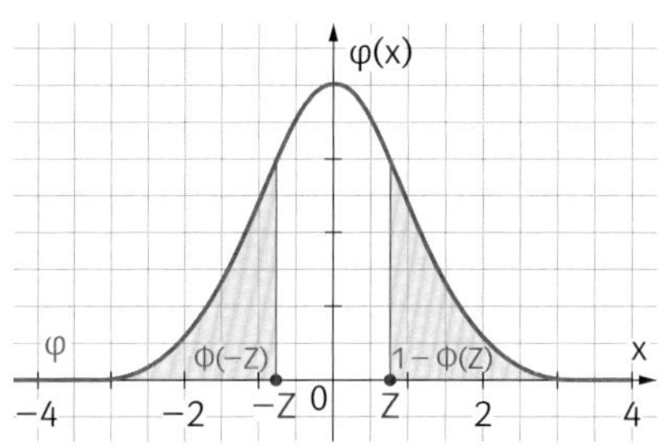

b) $D(z) = \Phi(z) - \Phi(-z) = \Phi(z) - (1 - \Phi(z)) = 2 \cdot \Phi(z) - 1$

383. Musteraufgabe

384. **a)** $P(X \leq 1) = 0{,}8413$;

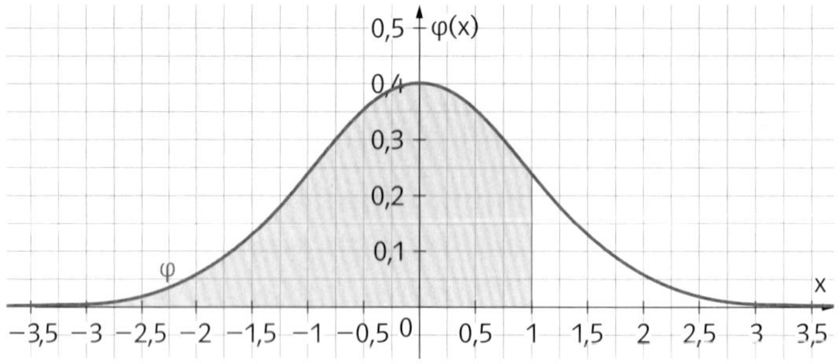

b) $P(X \leq -2) = 0{,}0228$

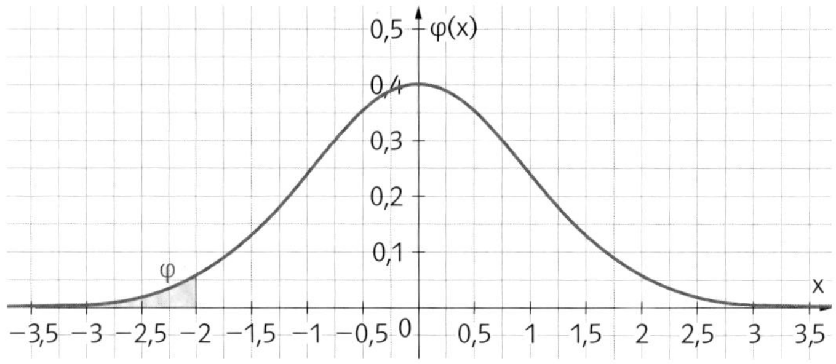

c) $P(X \leq 2{,}1) = 0{,}8921$

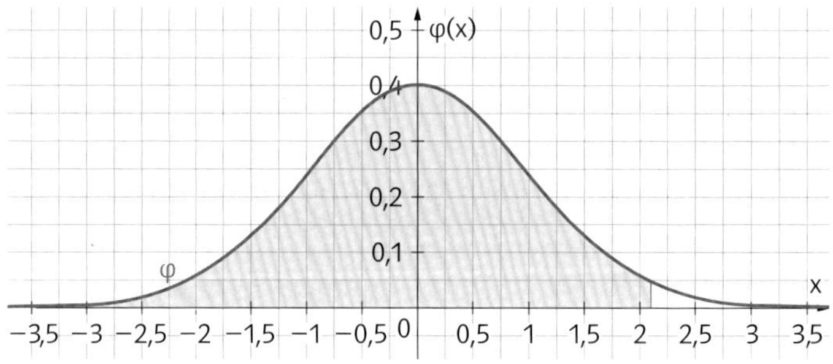

d) $P(X \leq -2{,}9) = 0{,}0019$

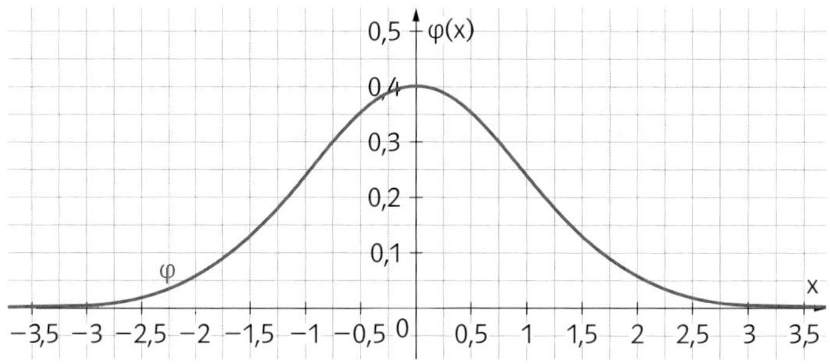

e) $P(X \leq 0{,}23) = 0{,}5910$

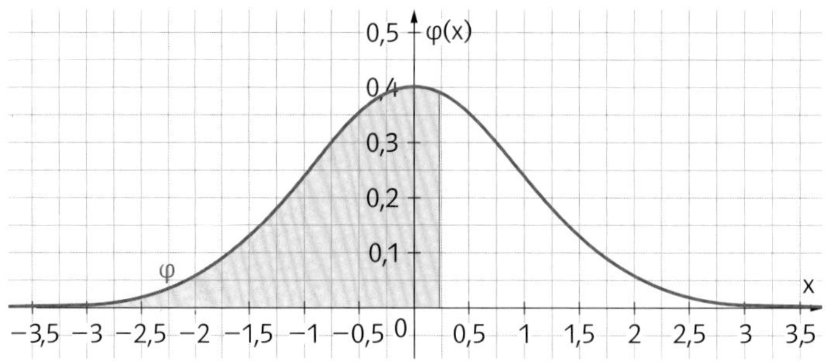

f) $P(X \leq -0{,}76) = 0{,}2236$

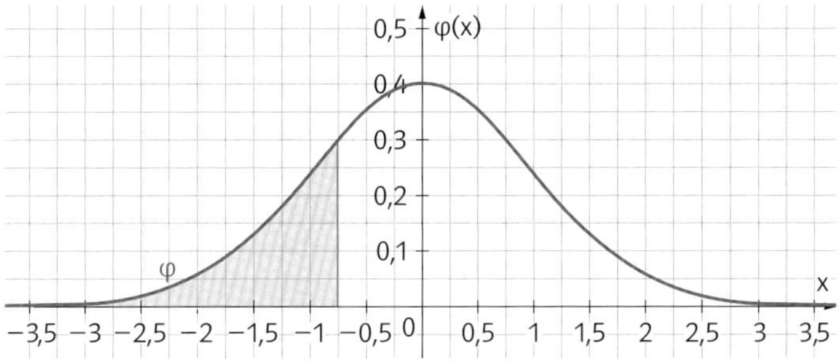

g) $P(X \leq 1{,}96) = 0{,}9750$

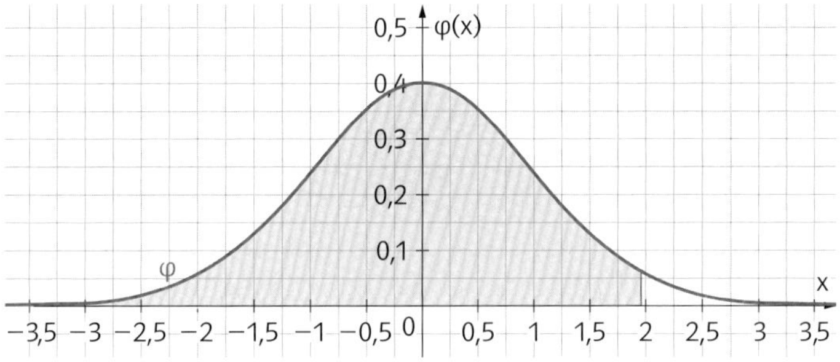

h) $P(X \leq -2{,}61) = 0{,}0045$

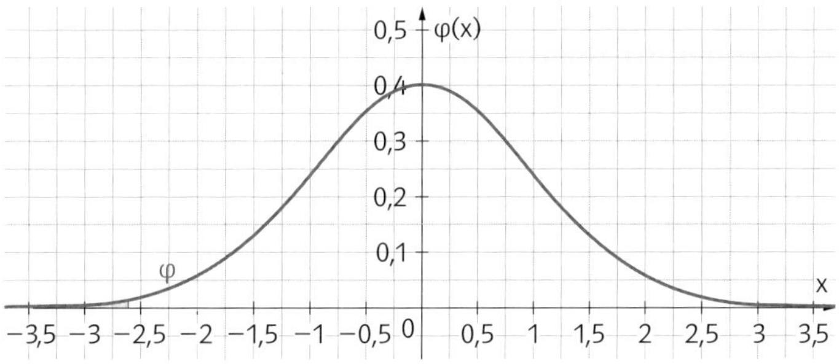

385. **a)** 0,5313
b) 0,0072
c) 1,6826

386. **a)** 0,9772
b) 0,0228
c) 0,2981
d) 0,9834
e) 0,6827
f) 0,2661
g) 0,4772
h) 0,3413

387. (1) 1 (2) die kleinste Steigung

388. Da der Graph der Dichtefunktion den unendlich großen Definitionsbereich ℝ hat, muss man sich für ein Ende der Tabelle entscheiden.
Wenn man auf 4 Kommastellen rundet (s. Tabelle) dann wäre der Wert 1 eigentlich erst bei $z = 3{,}9$ erreicht. Also spielt wahrscheinlich auch der Platzbedarf der Tabelle eine Rolle.

389. Musteraufgabe

390. a) −1,64 oder −1,65
b) 2,33
c) 1,64 oder 1,65
d) 0
e) 0,44

391. a) 1,96
b) 2,58
c) 1,64
d) 2,24

392. Musteraufgabe

393. a) 0,23
b) 0,60
c) 0,39
d) 0,60

394. a) 0,02
b) 0,16
c) 1
d) 0,95

395. a) 0,02, das ist die Wahrscheinlichkeit, dass die Länge mindestens 30,2 Meter beträgt.
b) 0,02, das ist die Wahrscheinlichkeit, dass die Länge höchstens 29,8 m beträgt.
c) 0,34, das ist die Wahrscheinlichkeit, dass die Länge mindestens 29,9 m und höchstens 30 m beträgt.
d) 1, das ist die Wahrscheinlichkeit, dass die Länge höchsten 30,4 m beträgt.
e) 0, das ist die Wahrscheinlichkeit, dass die Länge mindestens 34 m beträgt.
f) 0,02, das ist die Wahrscheinlichkeit, dass die Länge mindestens 29,7 m und höchstens 29,8 m beträgt.

396. 1 D, 2 F, 3 A, 4 B

397. a) 1) $\int_{-\infty}^{a} f(x)\,dx$
2) $F(a)$
3) $\int_{-\infty}^{\frac{a-\mu}{\sigma}} \varphi(z)\,dz$
4) $\Phi\left(\frac{a-\mu}{\sigma}\right)$

b) 1) $\int_{a}^{\infty} f(x)\,dx$
2) $1 - F(a)$
3) $\int_{\frac{a-\mu}{\sigma}}^{\infty} \varphi(z)\,dz$
4) $1 - \Phi\left(\frac{a-\mu}{\sigma}\right)$

c) 1) $\int_a^b f(x)\,dx$

2) $F(b) - F(a)$

3) $\int_{\frac{a-\mu}{\sigma}}^{\frac{b-\mu}{\sigma}} \varphi(z)\,dz$

4) $\Phi\left(\frac{b-\mu}{\sigma}\right) - \Phi\left(\frac{a-\mu}{\sigma}\right)$

398. a) bei D(1)
b) bei D(2)
c) bei D(3)

399. $P(\mu - \sigma < X < \mu + \sigma) = \Phi(1) - \Phi(-1) = D(1) = 0{,}6827 = 68{,}27\,\%$

400. siehe Lösungen 350 bis 355

401. a) 59,4
b) 43,5
c) 15,6
d) 10,1

402. a) ≈ 260 g
b) ≈ 238 g
c) ≈ [238 g; 274 g]

403. a) < 17,2 cm
b) > 36,7 cm
c) [26,1 cm; 33,9 cm]

404. Musteraufgabe

405. a) 198,35
b) 170,3
c) 41,03
d) 3 338,9
e) 2,58
f) 3,78

406. a) [353,56; 408,44]
b) [−2,58; 2,58]
c) [974,95; 1 025,05]
d) [387,02; 408,98]
e) [31,42; 44,58]
f) [3,09; 7,31]

407. a) 76,58 kg
b) 79,77 kg
c) [72,59; 83,41]
d) [75,31; 80,69]

408. a) 2,09 min
b) 4,91 min
c) [2,76 min; 4,24 min]

409. a) Stifte, die kürzer als 280,4 oder länger als 319,6 sind.
b) Stifte, die kürzer als 37,41 oder länger als 48,59 sind.
c) Stifte, die kürzer als 4 940,2 oder länger als 5 059,8 sind.

410. Musteraufgabe

411. 212,82

412. a) 97,44
b) 102,56
c) 100
d) 104,65

413. a) 1,98
b) 1,77
c) 2,17
d) 3

414. Musteraufgabe

415. 1,22
Die Verteilung streut mit s = 1,22 Stunden um den Erwartungswert von einem Tag, d. h. z. B., dass ca. 68 % der Eintagsfliegen zwischen ca. 22,8 und ca. 25,2 Stunden leben oder dass kaum eine Fliege kürzer als 20,3 oder länger als 27,7 Stunden lebt.

416. a) 0,24
b) 0,18
c) 0,19

417. a) 3,04
b) 2,15

418. a) ja, X ist binomialverteilt, weil
- die Zufallsvariable genau 2 Werte annehmen kann
- die Ziehungen unabhängig voneinander sind
- weil sich die Erfolgswahrscheinlichkeit nicht ändert

b)
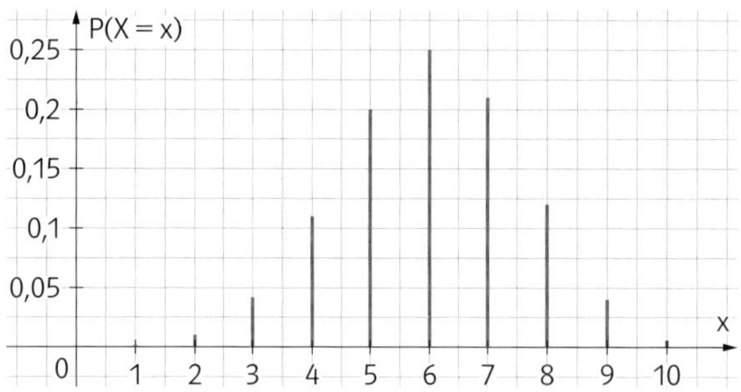

c) $\mu = 6$; $\sigma = 1{,}55$
Interpretation von μ: Zieht man sehr oft 10 Kugeln mit Zurücklegen, dann wird man durchschnittlich 6 rote Kugeln ziehen.

419. a) 0,0089
b) 0,5579
c) $\mu = 20$; $\sigma = 3{,}87$

420. A, B, D

421. **a)** A, D, E
b) A, B, C, D

422. (1) B(300; 0,6) (2) N(180; 8,49)

423. Musteraufgabe

424. **a)** 0,8683
b) 0,1317
c) 0,3683
d) 0,0239

425. **a)** 0,9213 Die Wahrscheinlichkeit, mindestens 150 Einser zu würfeln, beträgt ca. 92 %.
b) 0,919 Die Wahrscheinlichkeit, zwischen 150 und 200 Einser zu würfeln, beträgt ca. 92 %.
c) 0,0787 Die Wahrscheinlichkeit, höchstens 150 Einser zu würfeln, beträgt ca. 8 %.
d) 0,7922 Die Wahrscheinlichkeit, zwischen 150 und 180 Einser zu würfeln, beträgt ca. 80 %.

426. **a)** 0
b) 0,9984
c) 0
d) 0,5

427.

a)	NV: 0,3694	BV: 0,4513	Differenz: 0,0819
b)	NV: 0,495	BV: 0,5958	Differenz: 0,1008
c)	NV: 0,5	BV: 0,5487	Differenz: 0,0487
d)	NV: 0,2782	BV: 0,3937	Differenz: 0,1155
e)	NV: 0,9996	BV: 1	Differenz: 0,0004

428. 0,5

429. [830; 780]

430. 30

431. [81; 119]

432. 1 F, 2 D, 3 A, 4 E

433.

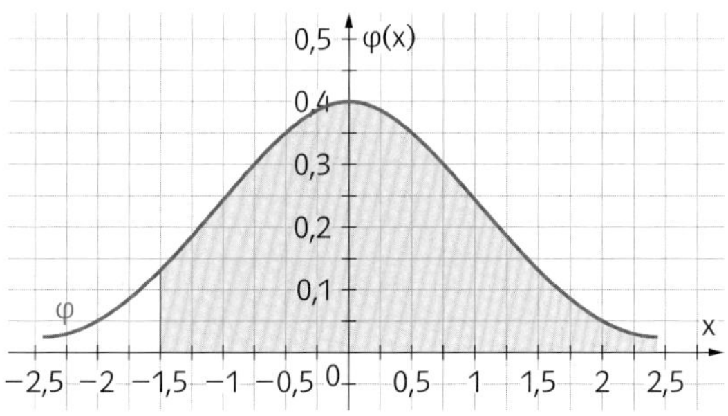

434. **a)** [−23,44 cm; 23,44 cm] Lösung mit Technologie
b) 23,4 mm
c) $2{,}35 = 2 \cdot \sqrt{2\ln(2)}$
d) B, C, E

435.–444. Selbstkontrolle (Lösungen im Schulbuch)

445.–449. Kompetenzcheck (Lösungen im Schulbuch)

7 Schließende und beurteilende Statistik

Kapitel 7
3u68fs

450. Musteraufgabe

451. a) 1) zwischen 29 und 49 2) [0,098; 0,16]
b) 1) zwischen 27 und 51 2) [0,09; 0,17]
c) 1) zwischen 23 und 54 2) [0,08; 0,18]

452. a) nein b) ja c) nein d) nein

453. a) [0,22; 0,40] b) [0,269; 0,351] c) [0,281; 0,339] d) [0,301; 0,319]

454. a) 1) [10; 23] 2) [9; 24] 3) [7; 27]
b) 1) [69; 98] 2) [67; 100] 3) [61; 105]
c) 1) [147; 187] 2) [143; 190] 3) [136; 198]

455. 1) [0,615; 0,725]; [0,631; 0,709]; [0,638; 0,702]
2) je größer; desto kleiner (oder umgekehrt)

456. 1) [0,263; 0,337]; [0,361; 0,439]; [0,46; 0,54]; [0,561; 0,639]; [0,663; 0,737]
2) näher bei 50 %; größer

457. B, C, D

458. Der ermittelte Schätzbereich ist nicht sehr zuverlässig.
Der Wert des Schätzbereiches ist dann zuverlässig, wenn man eine zufällige Stichprobe von 98 Maturantinenn und Maturanten aus allen Maturanten und Maturantinnen Österreichs ziehen würde. Die 98 Maturanten und Maturantinnen sind aber keine zufällige Stichprobe, da sie ja alle aus derselben Schule stammen und aus derselben Umgebung kommen und viele von ihnen vom gleichen Lehrer unterrichtet wurden.

459. Die Anzahl liegt außerhalb des 0,99-Schätzbereiches. Also ist es sehr unwahrscheinlich, dass es sich um eine faire Münze handelt, möglich wäre es allerdings.

460. Musteraufgabe

461. [0,18; 0,25]

462. a) [0,74; 0,82]
b) [0,73; 0,83]
c) [0,74; 0,81]

463. [0,45; 0,53]

464. [0,818; 0,894]

465. a) [0,46; 0,57]
b) [0,47; 0,53]
c) [0,45; 0,55]
d) [0,26; 0,34]
e) [0,36; 0,64]
f) [0,31; 0,69]

466. Würde man die Befragung sehr oft durchführen, so würde das ermittelte Konfidenzintervall bei 90 % der Befragungen den wahren Anteil der zufriedenen Schülerinnen und Schüler enthalten.

467. Mit Sicherheit ist keine Aussage möglich.
Beide relativen Häufigkeiten liegen jeweils im 0,99-Konfidenzintervall der anderen Häufigkeit.
Die beiden Konfidenzintervalle überlagern sich im Bereich [0,12; 0,16]. Dies scheint eher für eine zufällige Schwankung des Ergebnisses zu sprechen.

468. **a)** $I_2 > I_1 > I_3$
b) $I_2 > I_1 > I_3$
c) $I_1 > I_3 > I_2$

469. **a)** Das gilt, da n in der Formel im Nenner steht.
b) Je größer der Wert von γ ist, desto größer ist z.
c) Der Term $h \cdot (1 - h)$ hat für $0 < h < 1$ den größten Wert bei $h = 0,5$.

470. B, C, D

471. A, C, D

472. 1 D, 2 B, 3 E, 4 A

473. Musteraufgabe

474. **a)** 94 %
b) 66 %
c) 98 %
d) 99,9 %
e) 99,8 %
f) 97 %

475. 94 %

476. 40 %

477. Musteraufgabe

478. **a)** 733
b) 1068

479. **a)** 972
b) 1083

480. 66 307

481. Musteraufgabe

482. **a)** **1)** H_0: 2 von 3 Einwohnern sind für die Umfahrungsstraße.
H_1: Weniger als 2 von 3 Einwohnern sind für die Umfahrungsstraße.
Wenn weniger als 632 zustimmen, kann man H_1 mit einer Irrtumswahrscheinlichkeit von 1% annehmen.

2) H_0: 2 von 3 Einwohnern sind für die Umfahrungsstraße.
H_1: Mehr als 2 von 3 Einwohnern sind für die Umfahrungsstraße.
Wenn mehr als 701 zustimmen, kann man H_1 mit einer Irrtumswahrscheinlichkeit von 1% annehmen.

b) **1)** H_0: 50 % der Einwohner sind für die Umfahrungsstraße.
H_1: Weniger als 50 % der Einwohner sind für die Umfahrungsstraße.
Wenn weniger als 232 zustimmen, kann man H_1 mit einer Irrtumswahrscheinlichkeit von 5 % annehmen.

2) H_0: 50 % der Einwohner sind für die Umfahrungsstraße.
H_1: Mehr als 50 % der Einwohner sind für die Umfahrungsstraße.
Wenn mehr als 268 zustimmen, kann man H_1 mit einer Irrtumswahrscheinlichkeit von 5 % annehmen.

c) **1)** H_0: 80 % der Einwohner sind für die Umfahrungsstraße.
H_1: Weniger als 80 % der Einwohner sind für die Umfahrungsstraße.
Wenn weniger als 35 zustimmen, kann man H_1 mit einer Irrtumswahrscheinlichkeit von 2 % annehmen.

2) H_0: 80 % der Einwohner sind für die Umfahrungsstraße.
H_1: Mehr als 80 % der Einwohner sind für die Umfahrungsstraße.
Wenn mehr als 45 zustimmen, kann man H_1 mit einer Irrtumswahrscheinlichkeit von 2 % annehmen.

483. a) 1) H_1: $p_1 < 0{,}3$ weniger als 276
2) H_1: $p_1 > 0{,}3$ mehr als 324
b) 1) H_1: $p_1 < 0{,}4$ weniger als 297
2) H_1: $p_1 > 0{,}4$ mehr als 343
c) 1) H_1: $p_1 < 0{,}3$ weniger als 133
2) H_1: $p_1 > 0{,}3$ mehr als 167
d) 1) H_1: $p_1 < 0{,}3$ weniger als 4
2) H_1: $p_1 > 0{,}3$ mehr als 15
e) 1) H_1: $p_1 < 0{,}5$ weniger als 6
2) H_1: $p_1 > 0{,}5$ mehr als 14
f) 1) H_1: $p_1 < 0{,}5$ weniger als 13
2) H_1: $p_1 > 0{,}5$ mehr als 22

484. 1) H_0: Es gibt 5 % Ausschuss.
H_1: Es gibt weniger als 5 % Ausschuss.
2) ca 18 %
3) Bei weniger als 17 Stück Ausschuss kann H_1 mit einer Irrtumswahrscheinlichkeit von 5 % angenommen werden.

485. Musteraufgabe

486. H_0: $p = 90\,\%$
H_1: $p \neq 90\,\%$
a) weniger als 437, mehr als 463
b) weniger als 433, mehr als 467
c) weniger als 172, mehr als 188
d) weniger als 170, mehr als 190
e) weniger als 4 466, mehr als 4 534
f) weniger als 4 459, mehr als 4 541

487. **a)** mehr als 63
b) weniger als 42
c) mehr als 65 oder weniger als 40

488. **1)** H_0: Die Wahrscheinlichkeit, einen Apfel zu nehmen, ist 0,5.
H_1: Die Wahrscheinlichkeit, einen Apfel zu nehmen, ist nicht 0,5.
2) weniger als 134 oder mehr als 166
3) Konfidenzintervall berechnen und bestätigen.

489. individuelle Lösung

490. individuelle Lösung

491. individuelle Lösung

492. **a)** Das 90%-Konfidenzintervall aufgrund der Umfrage beträgt [0,08; 0,14]. Es umfasst also auch einen Bereich unter 10%. Der Anteil der Bauherren, die die neue Wärmedämmung einsetzten wollen liegt also nicht mit 90% Wahrscheinlichkeit über 10%. Hätten in der Umfrage 34 Bauherren die Dämmung bestellt, dann wäre der wirtschaftliche Erfolg mit der Wahrscheinlichkeit 90% gesichert. Das Konfidenzintervall wäre dann [0,10; 0,17].
b) 36
c) Je größer die Sicherheitswahrscheinlichkeit ist, desto breiter ist das Konfidenzintervall.
Je größer der Stichprobenumfang ist, desto schmäler ist das Konfidenzintervall.
d) 6595
e) A, C

493.–503. Selbstkontrolle (Lösungen im Schulbuch)

504.–507. Kompetenzcheck (Lösungen im Schulbuch)

Prüfung 1

Aufgabe 1

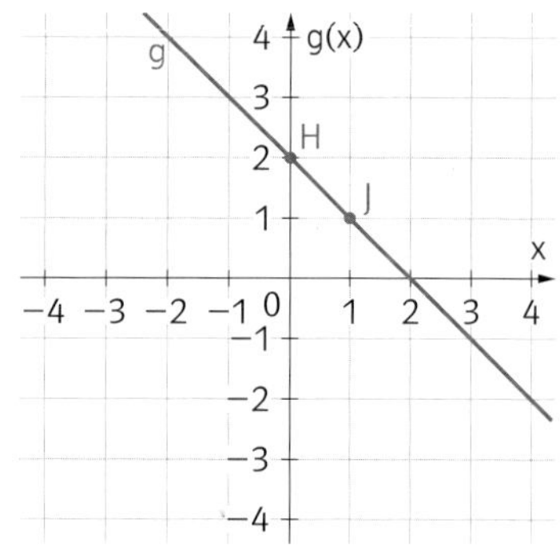

z.B: $f\colon X = \begin{pmatrix}1\\1\end{pmatrix} + s \cdot \begin{pmatrix}1\\-1\end{pmatrix}$

bzw. $f\colon X = \begin{pmatrix}0\\2\end{pmatrix} + s \cdot \begin{pmatrix}1\\-1\end{pmatrix}$ $s \in \mathbb{R}$

Leitfrage:

Form $y = kx + d$: $f(x) = -x + 2$

Form $ax + bx = c$ $x + y = 2$

Form $\vec{n} \cdot p = \vec{n} \cdot \vec{x}$ $\begin{pmatrix}1\\1\end{pmatrix} \cdot \begin{pmatrix}0\\2\end{pmatrix} = \begin{pmatrix}1\\1\end{pmatrix} \cdot \begin{pmatrix}x\\y\end{pmatrix}$ bzw. $\begin{pmatrix}1\\1\end{pmatrix} \cdot \begin{pmatrix}1\\1\end{pmatrix} = \begin{pmatrix}1\\1\end{pmatrix} \cdot \begin{pmatrix}x\\y\end{pmatrix}$

Aufgabe 2

Modus: 2100 €	Am „häufigsten" verdienen die Angestellten 2100 €.
arithmetische Mittel: 1896,75 €	Durchschnittlich verdienen die acht Angestellten 1896,75 €.
Median: 1797 €	Ungefähr 50 % der Angestellten verdienen weniger als 1797 €, ca. 50 % der Personen mehr als 1797 €.

Leitfrage:

1) Der Mittelwert, der Modus und der Median steigen um a %.
2) Der Modus bleibt gleich, der Median und das arithmetische Mittel werden größer.

Aufgabe 3

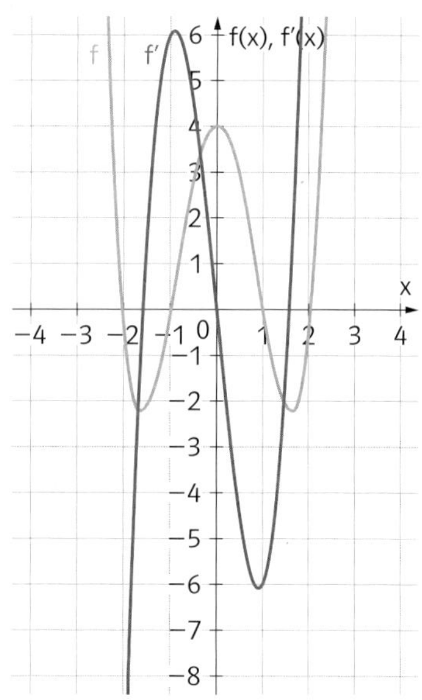

Die Extremwerte von f sind Nullstellen von f'.
Die Wendestellen von f sind Extremstellen von f'.
Anhand der Monotonie und des Krümmungsverhaltens von f kann man die Monotonie und das Krümmungsverhalten von f' bestimmen.

Leitfrage:

Eine Polynomfunktion n-ten Grades besitzt maximal n Nullstellen, maximal n − 1 Extremstellen und maximal n − 2 Wendestellen. Das Monotonieverhalten ändert sich bei jeder Extremstelle, das Krümmungsverhalten bei jeder Wendestelle.

Aufgabe 4

$\sin 43° = \frac{b}{20}$	$\sin 43° \cdot 20 = b$	$b = 13{,}64\,\text{cm}$
$\cos 43° = \frac{a}{20}$	$\cos 43° \cdot 20 = a$	$a = 14{,}63\,\text{cm}$
$U = 20 + 13{,}64 + 14{,}63 = 48{,}27$		$U = 48{,}27\,\text{cm}$

Leitfrage:

	I	II	III	IIII
$\tan\alpha = \frac{\sin\alpha}{\cos\alpha}$	+	–	+	–

$D = \{\alpha \in \mathbb{R} \setminus (90°; 270°)\}$

Aufgabe 5

$31\,500 \cdot 1{,}004^{23} \approx 34\,529{,}15\,€$

Leitfrage:

$$N(t) = \frac{N_0}{2}$$

$$\frac{N_0}{2} = N_0 \cdot a^t \quad | : N_0$$

$$0{,}5 = a^t$$

$$\frac{\ln 0{,}5}{\ln a} = t$$

$a \in (0; 1)$: Die Halbwertszeit wird größer.
$a \in (1; \infty)$: Die Halbwertszeit wird größer
$D = \{a \in \mathbb{R}^+ \setminus 1\}$

Prüfung 2

Aufgabe 1

	$\mathbb{N}$	$\mathbb{Z}$	$\mathbb{Q}$	$\mathbb{R}$
$1{,}4 \cdot 10^4$	☒	☒	☒	☒
$-\frac{\sqrt[3]{8}}{2}$	☐	☒	☒	☒
$\sqrt{-21}$	☐	☐	☐	☐
$0{,}012$	☐	☐	☒	☒

Leitfrage:

$\mathbb{N}$: abgeschlossen für Addition, Multiplikation, Potenzieren
Beispiele für nicht abgeschlossene Rechenoperationen: $2 - 3 = -1$; $2 : 3 = 0{,}\dot{6}$, $\sqrt{2} \approx 1{,}414$

$\mathbb{R}$: abgeschlossen für alle außer das Wurzelziehen aus einer negativen Zahl
Beispiel für nicht abgeschlossene Rechenoperationen: $\sqrt{-4} = 2i$

$\mathbb{C}$: abgeschlossen für alle Rechenoperationen

Aufgabe 2

Gewichtszunahme des Welpen im Intervall $[t_1; t_2]$

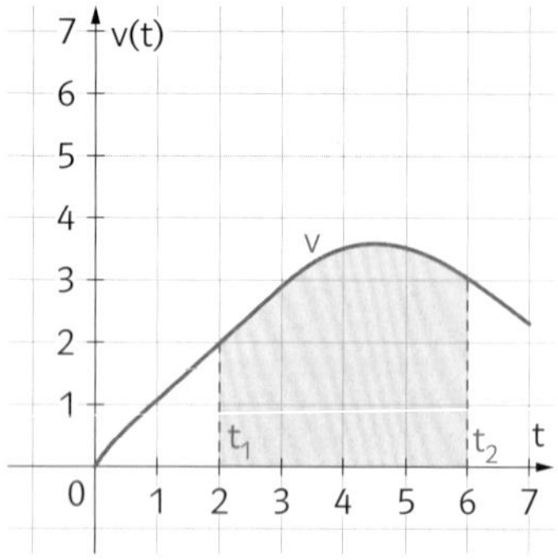

Leitfrage:

Der Wert beschreibt die mittlere Änderung der Gewichtszunahme des Welpen. Wenn die Funktion v monoton fallend ist, sinkt die Geschwindigkeit der Gewichtszunahme des Welpen in Abhängigkeit von der Zeit t.

Aufgabe 3

1) Die Aussage ist richtig. Die Steigung des Graphen im Intervall [a; b] ist streng monoton fallend.
2) Die Aussage ist richtig. Die Stelle d ist eine Extremstelle.
3) Die Aussage ist falsch. Die Krümmung im Intervall $[c_1; d]$ ist negativ.

Leitfrage:

Steigung der Sekante $\frac{c_2}{d - c_1}$

Wenn sich der Punkt D immer mehr dem Punkt C nähert, wird schlussendlich aus der Sekante eine Tangente. Die Steigung dieser Tangente im Punkt $P = (x \mid f(x))$ ist dann der Differentialquotient von f an der Stelle x.

Aufgabe 4

$P(X = 0) = 0{,}5787$ $P(X = 1) = 0{,}3472$ $P(X = 2) = 0{,}0694$ $P(X = 3) = 0{,}0046$
$\mu = 0{,}5$ $\sigma \approx 0{,}645$

Leitfrage:

$0{,}1 > \left(\frac{5}{6}\right)^x$ $x > 13$ ($\approx 12{,}63$)

Aufgabe 5

[0,133; 0,198]

Leitfrage:

1) Die Anzahl der Befragten wird erhöht (z. B. $n = 1000$).
2) Die Sicherheit wird geringer (z. B. $\gamma = 80\,\%$).

8 Maturavorbereitung: Algebra und Geometrie

Für alle Aufgaben stehen Online-Lösungen zur Verfügung.

Kapitel 8
f853pf

508. D, E

509. A, E

510. (1) natürlicher (2) ganze

511. B, E

512. C, D

513. D, E

514. D

515. $\left(a-\frac{2}{5}a\right)\cdot 1{,}35$

516. A

517. Der Term beschreibt die durchschnittliche Wegstrecke, die pro Tag zurückgelegt wird.

518. $D=\frac{4\cdot m\cdot \pi^2}{T^2}$

519. E

520. Die Gleichung beschreibt die Gesamteinnahmen des Museums an diesem Nachmittag in Euro.

521. 2400 ME

522. 5

523. A, C

524. $a>0$

525. (1) einen Berührpunkt mit der x-Achse (2) $q=\frac{1}{4}$

526. ± 6

527. $(-\infty, 2)$

528. $x^2-6x=-9 \rightarrow x=3$

529. A, D

530. 1C, 2E, 3F, 4A

531. B, C

532. $m<500$

533. (1) $a-bx>0$ mit $a, b\in\mathbb{R}^+$ (2) $\frac{a}{b}>x$

534. I: $15\,p_A+30\,p_B=18$ II: $30\,p_A+15\,p_B=13{,}5$

535. F

536. $a=1{,}8$ $c=-18$

537. I: $y = -x + 5$ II: $y = 2{,}5x - 2$ $L = \{(2 \mid 3)\}$

538. F

539. $A \cdot P$ gibt den Gesamtpreis aller Artikel an.

540. $(L - V) \cdot P$ beschreibt den Gesamtverkaufspreis der restlichen Produkte im Lager.

541. $G = M \cdot (P - K)$

542. $\vec{a} = \begin{pmatrix} 2 \\ 2 \end{pmatrix}$ $\vec{b} = \begin{pmatrix} -4 \\ -4 \end{pmatrix}$

543. A, D

544. $\overrightarrow{HF} = \begin{pmatrix} 3 \\ 3 \\ 0 \end{pmatrix}$

545. B, C, E

546. A, E

547. 2,4

548. A, D, E

549. 2

550. 0,5

551. −4

552. $g\colon X = \begin{pmatrix} 2 \\ -1 \end{pmatrix} + t \cdot \begin{pmatrix} 1 \\ 2 \end{pmatrix}$

553. D, E

554. $P \in g$

555. −0,4; −2,6

556. B, C

557. B, D

558. $g\colon x - y = 4$, $h\colon X = t \cdot \begin{pmatrix} 1 \\ -3 \end{pmatrix}$

559. A, D

560. $\begin{pmatrix} 1 \\ -1{,}5 \end{pmatrix}$ oder $\begin{pmatrix} -1 \\ 1{,}5 \end{pmatrix}$

561. $7 \cdot (-1{,}5) + (-3) \cdot (-3{,}5) = 0$

562. z. B. $\begin{pmatrix} 3 \\ -1 \end{pmatrix}, \begin{pmatrix} -3 \\ 1 \end{pmatrix}, \begin{pmatrix} 6 \\ -2 \end{pmatrix}, \begin{pmatrix} -6 \\ 2 \end{pmatrix}$

563. B, C

564. (1) $\vec{a} = \begin{pmatrix} 3 \\ -4 \end{pmatrix}$ (2) $k = \frac{3}{4}$

565. $\tan(\alpha) \cdot \frac{b}{2}$

566. D

567. $\approx 35{,}3°$

568. $\approx 1009{,}22\,m$

569. D, E

570. $\sin^{-1}\left(\frac{a}{b}\right)$

571. $-\frac{9}{15}$

572. $\alpha_1 = 60°$ $\alpha_2 = 300°$

573. $\alpha_1 = 113{,}58°$ $\alpha_2 = 246{,}42°$

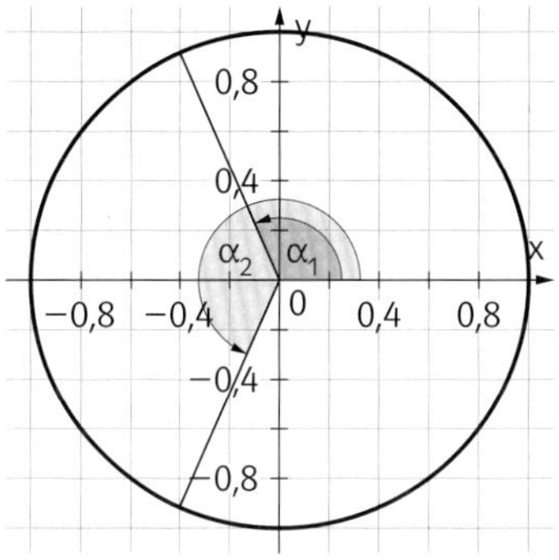

574. $\alpha_1 = 36{,}87°$ $\alpha_2 = 143{,}13°$

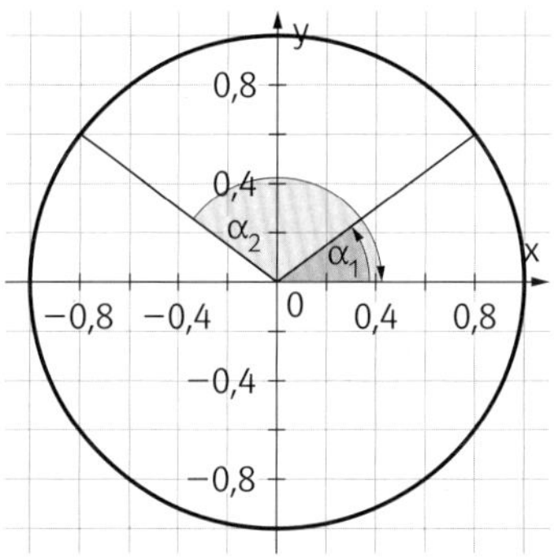

575. A, C, D

576. D

577. **a)**

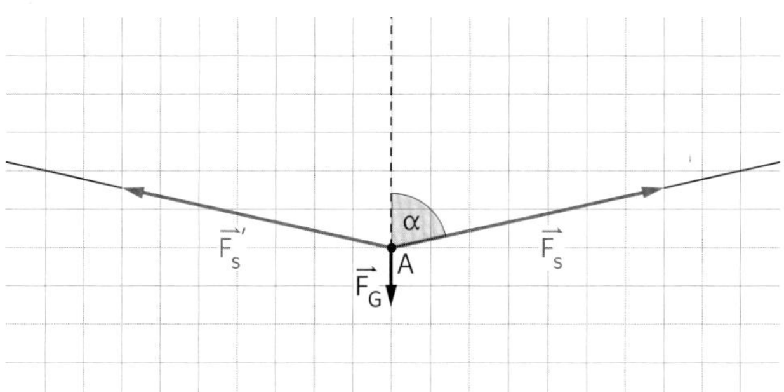

$\cos(\alpha) = \frac{|-\vec{F_G}|}{|\vec{F_S}|}$

Würde $\vec{F_S}$ normal auf $\vec{F_G}$ stehen, wäre $\cos(\alpha) = 0$, dann müsste aber $|\vec{F_G}| = 0$ sein, was widersinnig wäre.

b) $l_1 - l_2 = c \cdot l_1 \cdot (T_1 - T_2)$
Die Ampel hängt um 4,63 mm tiefer.

578. **a)** $\frac{6800}{v+50} = t - 0{,}5$

$t_1 = -8$ $t_2 = 8{,}5$ Man benötigt von New York nach Wien 8,5 Stunden.

b)

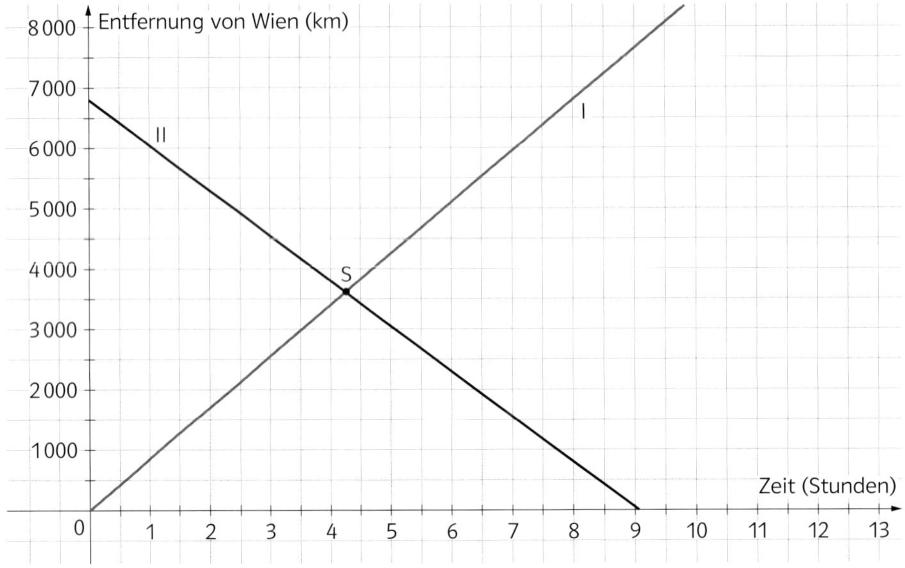

$S = (4{,}25 \mid 3\,612{,}5)$

Nach 4,25 Stunden fliegen die beiden Flugzeuge 3 612,5 km von Wien entfernt aneinander vorbei.

c) $\tan(\alpha) = \frac{h}{t}$

Die Höhenzunahme beträgt 0,14 km pro zurückgelegtem km am Boden.

9 Maturavorbereitung: Funktionale Abhängigkeiten

Für alle Aufgaben stehen Online-Lösungen zur Verfügung.

Kapitel 9
z5ni85

579. Jeder Jugendliche darf nur ein Handy besitzen.

580. B, C, E

581. C, E

582.

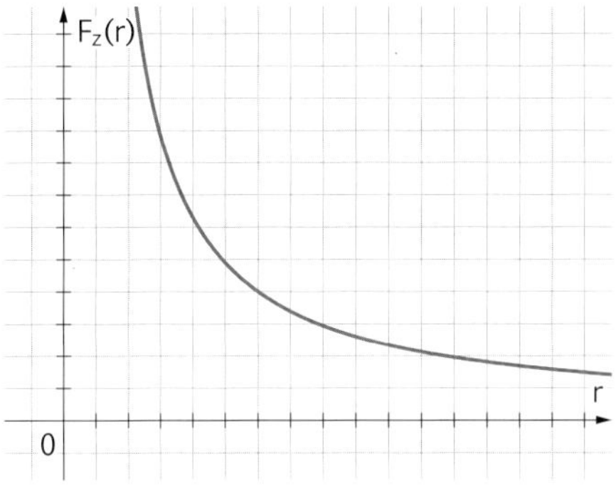

583. A, D

584. (1) k(h) mit v, u und β konstant (2) indirekte Proportionalitätsfunktion der Form $f(x) = \frac{k}{x}$ $(k \neq 0)$

585.

x	f(x)
−3	2
−2	−2
1	3
2	−2
3	1

586. D, E

587. A, D

588.

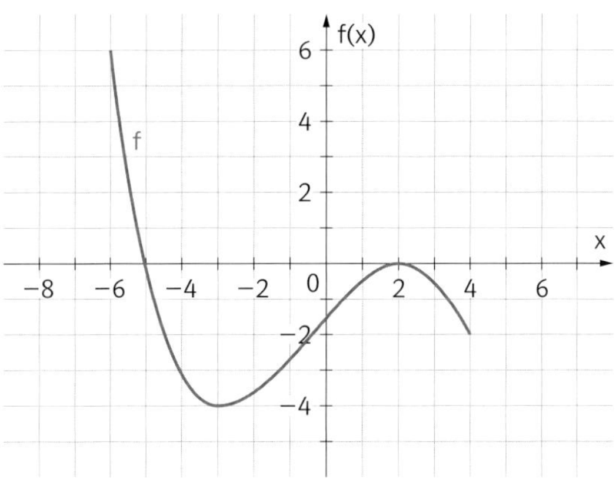

589. Beim Verbrauch von 5 GB Datenvolumen sind die Kosten bei beiden Diensten gleich (12 €).

590. S = (4 | 2)

591. Der Bierschaum ist nach 6 Stunden nicht mehr vorhanden, die Exponentialfunktion erreicht aber nie null.

592. $T(t) = 100 \cdot 0{,}96863^t$

593. A, C, E

594. $L(m, n, p) = \frac{m^2 \cdot n}{p^2}$

595. 1 B, 2 D, 3 F, 4 A

596. B,C

597. A, B, C, E

598. $f(x) = \frac{-ax}{b} + \frac{c}{b}$

z. B. $f(x) = -2x - 3$

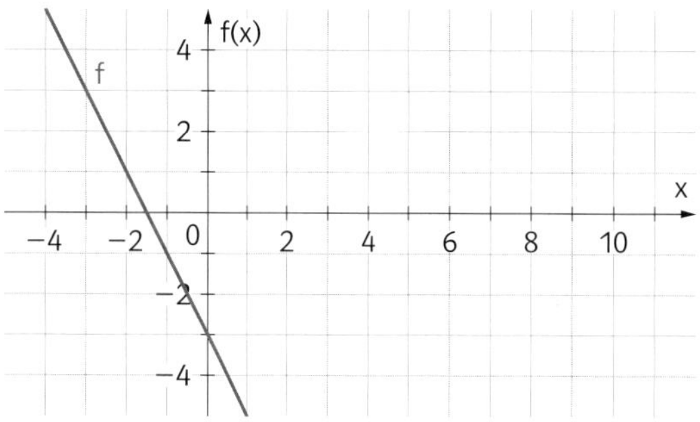

599. $K(x) = 0{,}15x + 16$

600. $f(x) = -\frac{2}{5}x + 1$

601. $k = 2$, $d = 0$

602. $k = \frac{u}{v}$

603.

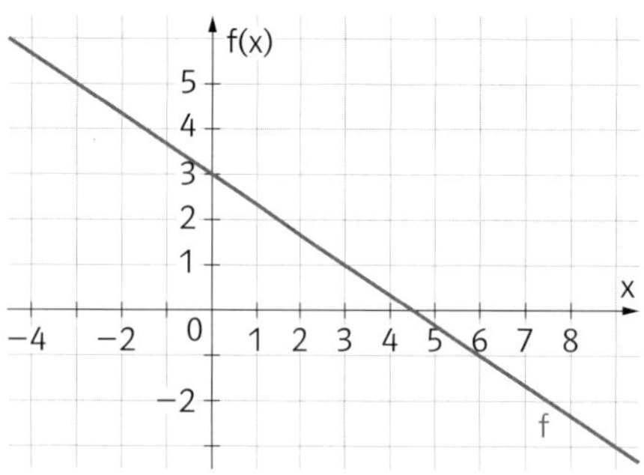

604. (1) Kosten, die man unabhängig von der Arbeitszeit zahlen muss
(2) Kostenänderung pro zusätzlicher Stunde Arbeitszeit

605. u: Länge, um die die Kerze pro Zeiteinheit kürzer wird
v: Länge der Kerze am Anfang

606. $f(x) = 6x + 7$

607. B, C, D, E

608. A, B, C

609. A, B, C, E

610. A, B, E

611. B, D

612. 1 E, 2 F, 3 D, 4 A

613. $a = -0{,}25$ $b = 3$

614. $a = 3$ $b = -1$

615. B, C, E

616. B, D, E

617. A, E

618. B, E

619. z. B. $f(x) = -2x^{-2} + 1$

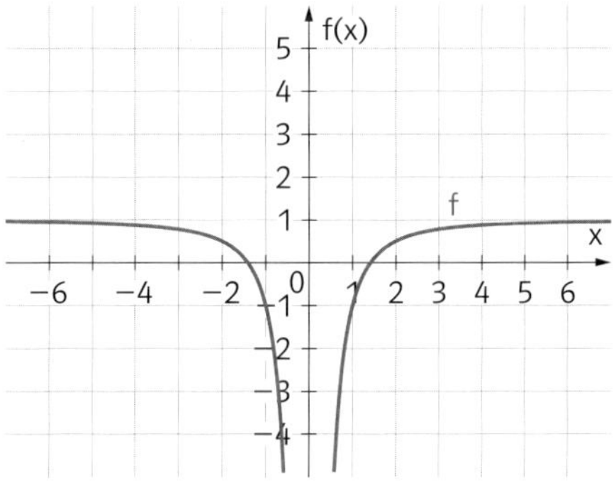

620. $z = -1$ $b = 0$

621. $Z(v) = \frac{50}{v}$

622. $T(x) = \frac{120}{x}$

623. h(x), j(x)

624. A: 3 B: 2 C: 1 D: 4

625. 1 B, 2 E, 3 F, 4 A

626. 1 F, 2 A, 3 D, 4 E

627.

x	−2	−1	0	1
f(x)	1	−4	0	2

628. $f(x) = -0{,}5x^3 + 2$

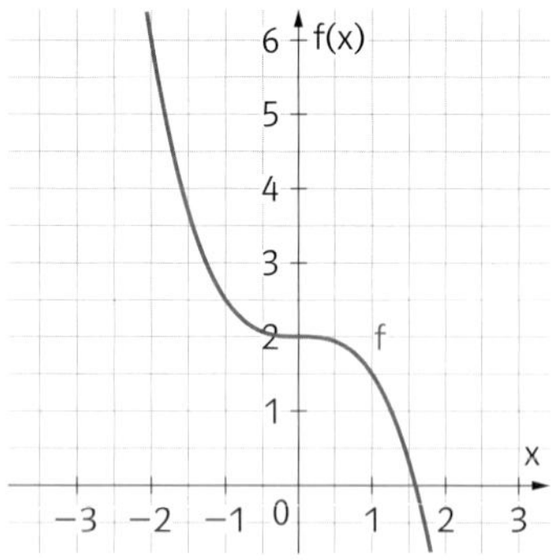

629. $x_{1,2} = \pm 5 \cdot \sqrt{2}$

630. $x_1 = -4;\ x_2 = 7$

631. $x_1 = -4;\ x_2 = 0$

632. B, E

633. (1) $a > 0$ und $b < 0$ (2) drei reelle Nullstellen

634. $f(x) = \frac{2}{27} \cdot 3^x$

635. $f(x) = 6 \cdot \left(\frac{2}{3}\right)^x$

636.

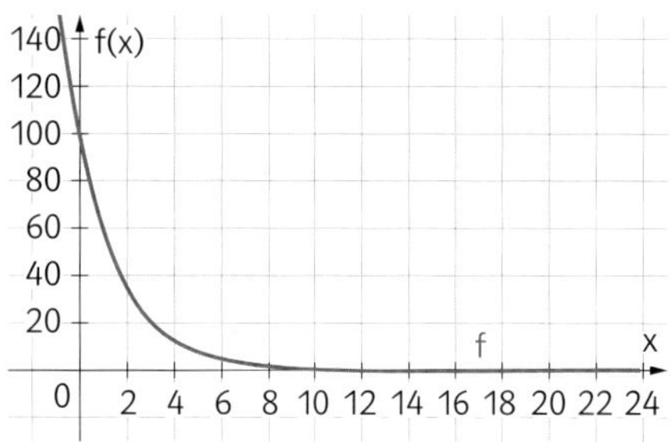

637. $T(x) = u \cdot \left(1 + \frac{c}{100}\right)^x$

638. A, B

639. $f(x) = 0{,}5^x$ $f(-2) = 4$ $f(0) = 1$ $f(2) = 0{,}25$

640. $x = -2$

641. $x = \frac{2}{3}$

642. A, B, C

643. A, D, E

644. B, C, E

645. 40: Das ist Anzahl der Bakterien, die zu Beginn der Messung in der Probe vorhanden sind.
1,41: Die Bakterienanzahl wächst stündlich um 41%.

646. a: Das ist die Anzahl der Bewohner zu Beginn der Untersuchung.
b: Die Anzahl der Bewohner wächst jährlich um den Faktor b.

647. B, D

648. B, D

649. (1) 3 (2) um 72,8 Prozent

650. B, D

651. A, B, C

652. v = 70 Zeiteinheiten

653. ca. 86,3 Sekunden

654. C, D

655. B, C, E

656.

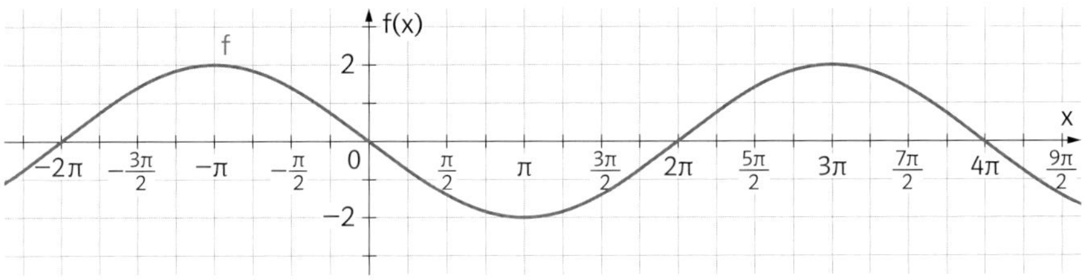

657. a = 3 b = 4

658. 1 D, 2 F, 3 E, 4 B

659.

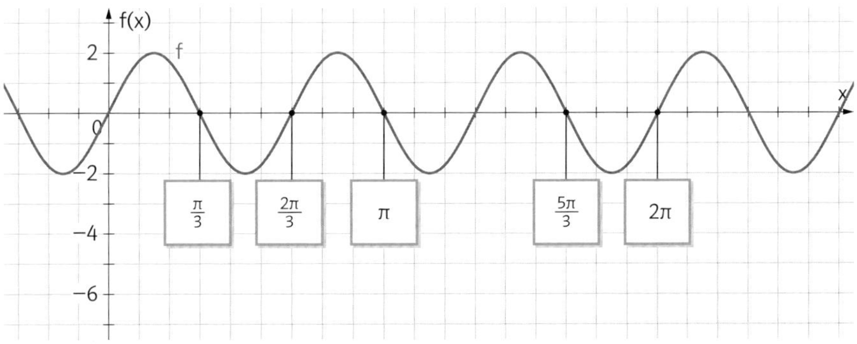

660. $p_1 = \frac{\pi}{4}$ $p_2 = \frac{5\pi}{4}$

661. C, D, E

662. (1) Streckung mit dem Faktor 2 (2) Stauchung mit dem Faktor 4

663. 1 F, 2 D, 3 C, 4 A

664.

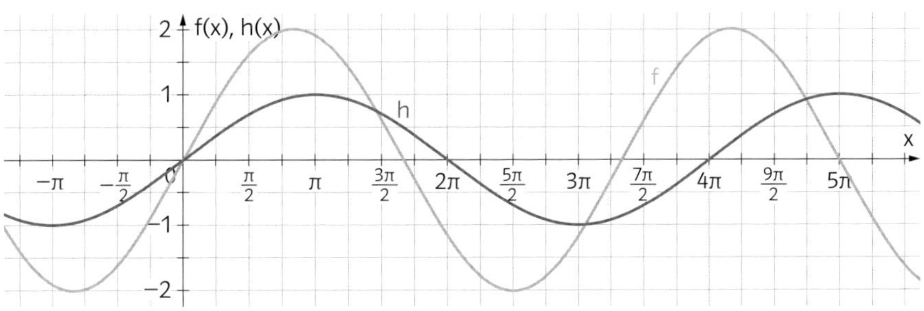

665.

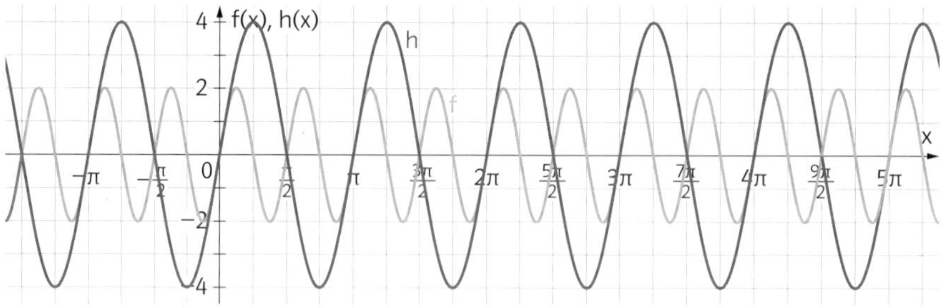

666. $p = \pi$

667. (1) periodisch mit kleinster Periode 4π (2) $f(x - 4\pi) = f(x)$ für alle x

668. $p = \frac{2}{3}\pi$

669. $p = 10\pi$

670. $f(x) = 2 \cdot \cos(x)$

671. $f(x) = 3 \cdot \sin(x + \pi)$

672. B

673.

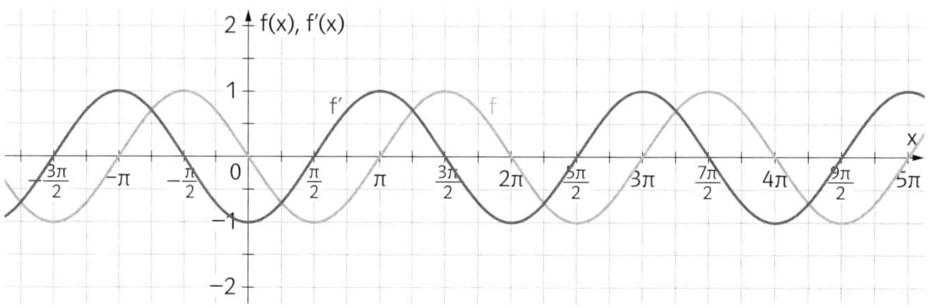

674. **a)** Die mittlere Abnahme der Dichte pro km ist in den Intervallen [5; 12] und [12, 18] etwa gleich, nämlich rund –0,05. Deshalb lässt sich die Abnahme der Dichte im Intervall [5; 18] durch eine einzige lineare Funktion beschreiben.
Diese Behauptung ist falsch. Die Dichte ϱ einer bestimmten Menge Luft ist ihre Masse m dividiert durch ihr Volumen V: $\varrho = \frac{m}{V}$. Wenn die Masse gleich bleibt, wird bei größerem Volumen die Dichte kleiner. Volumen und Dichte stehen also in einem indirekt proportionalen Zusammenhang.

b) $p(h) = 1368 \cdot e^{-0{,}1504472 \cdot h}$
Der Prozentsatz, auf den der Druck sinkt, wenn die Höhe um fünf Kilometer zunimmt, ist
$\frac{p_0 \cdot e^{-0{,}1504472 \cdot (h+5)}}{p_0 \cdot e^{-0{,}1504472 \cdot h}} = e^{-0{,}1504472} = 0{,}86 = 86\,\%$.
Durch die Division kürzen sich der Ausgangsdruck p_0 und die Ausgangshöhe h.

c) E
$V(T) = \frac{V_0 \cdot T_0^2}{T^2}$

675. **a)** Die maximale Auslenkung aus der Ruhelage beträgt 0,25 m. Die Feder führt ca. 48 Schwingungen in einer Minute aus.
$b(t) = 0{,}5 \cdot \cos(10t)$

b) $a = \frac{2k}{4\pi^2}$, $b = m_S$, $n = 2$
B

676. **a)** Die zweite Achse ist stark gestaucht. Innerhalb jeder aufgetragenen Einheit verzehnfacht sich die Anzahl. Das Wachstum verläuft also exponentiell.
Bei linearem Wachstum müsste ein Core7 von 2008 rund 6 390 000 Transistoren enthalten.

b) $A_0 \cdot e^{\lambda \cdot t} = A_0 \cdot e^{\frac{\ln(2)}{T_2} \cdot t} = A_0 \cdot e^{\ln(2) \cdot \frac{t}{T_2}} = A_0 \cdot (e^{\ln(2)})^{\frac{t}{T_2}} = A_0 \cdot 2^{\frac{t}{T_2}}$
etwa 29 Milliarden

c) $a > 0, b < 0, c > 0$

10 Maturavorbereitung: Analysis

Für alle Aufgaben stehen Online-Lösungen zur Verfügung.

Kapitel 10
7ev8sd

677. A, B, C, D

678. Der Ausdruck beschreibt die relative Änderung der Zugriffe auf das Youtube-Video im Zeitintervall $[t_1; t_2]$.

679. (1) $v - u$ (2) $\frac{v-u}{3}$

680. Die relative Änderung beträgt rund −0,28667. Der Preis des Computers ist von Jänner bis April um ca. 28,7% gesunken.

681. absolute Änderung: 2, relative Änderung: 1

682. A, D

683. Der Ausdruck beschreibt die Momentangeschwindigkeit des betrachteten Körpers zum Zeitpunkt t_1.

684. B, D

685. A

686. Der Ausdruck beschreibt die Momentanbeschleunigung des Körpers zum Zeitpunkt t.

687. B, D

688. $Q_5 < Q_3 < Q_2 < Q_1 < Q_4$

689. A, C, E

690. 3,93 m/s

691. D, E

692. Bei der gegebenen Differenzengleichung ist $a = 0{,}5$ und $b = 4$. Also gilt $0 < a < 1$ und $b > 0$. In diesem Fall gibt es eine Wachstumsgrenze, die nicht überschritten werden kann. Sie hat den Wert $W = \frac{b}{1-a} = \frac{4}{1-0{,}5} = \frac{4}{0{,}5} = 8$.

693. A, D

694. $K_n - K_{n-1} = 0{,}0075 \cdot K_{n-1} + 2\,000$

695. (1) $f(x) = 3 \cdot \cos(3x)$ (2) $f'(x) = -9 \cdot \sin(3x)$

696. A, E

697. A, C

698. $f'(x) = 2ax + \frac{2}{3} + 6x^{-3}$

699. 1E, 2A, 3C, 4F

700. A, B, D

701. (1) f differenziert (2) g

702. A, E

703. B, D, E

704. 1 F, 2 D, 3 B, 4 E

705.

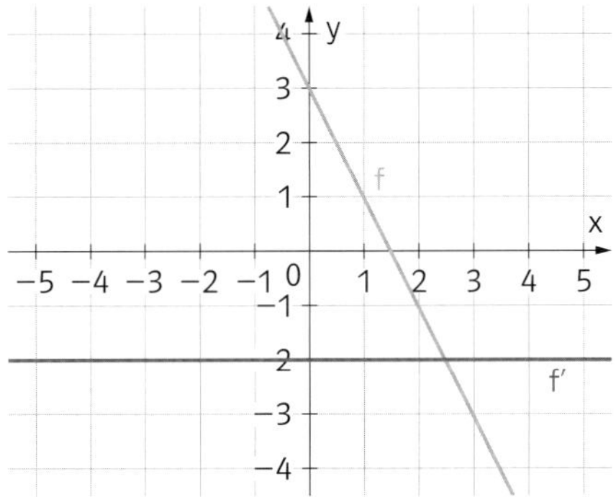

706.

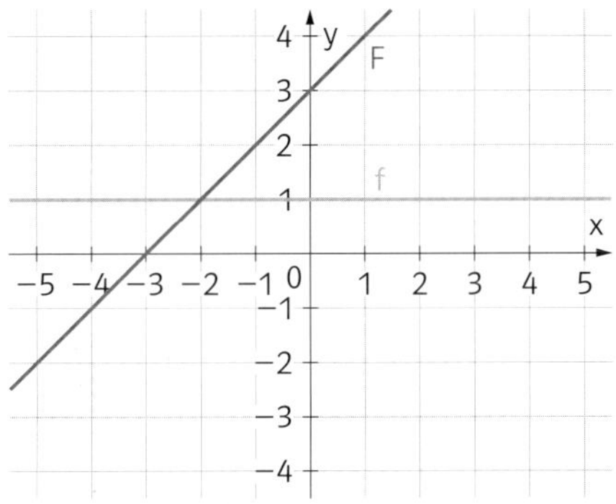

707.

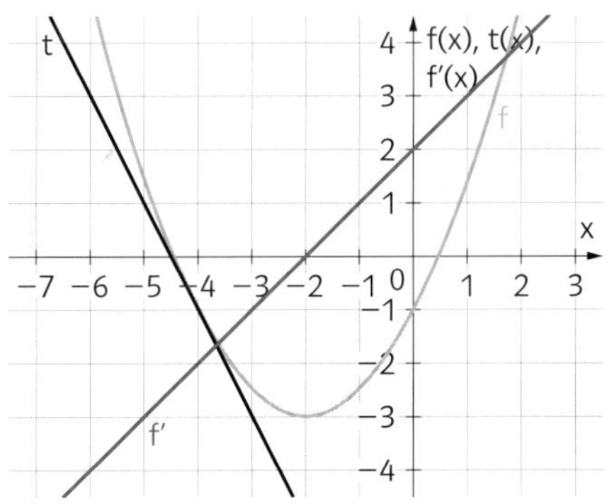

708. A, C, D

709. $f(x) = 2x^2 + 8x + 2$

710. (1) $f'(x) > 0$ für alle $x \in [a; b]$ (2) ist f streng monoton steigend in $[a; b]$

711. B, C

712. A, B, E

713. $W = (1 \mid 3)$

714. Für die Funktion f gilt $f''(x) = 2 \neq 0$ für alle x. Falls es einen Wendepunkt gäbe, müsste an seinem x-Wert die zweite Ableitung null sein. Sie ist aber für alle x gleich 2.

715. (1) s″ für alle $t \in [a; b]$ positiv (2) wird die Geschwindigkeit immer größer

716. A, B, C, D, E

717. A, B, E

718. $I = [-2; 4]$

719. A, B

720. C, E

721. A, B, C

722. $a = b$ oder $a = -b$

723. C, D

724. A, B

725. (1) $f(x) = -2 \cdot e^{-2x}$ (2) $F(x) = e^{-2x}$

726. Der Ausdruck bedeutet die Arbeit, die die Maschine im Zeitintervall [3; 8] verrichtet.

727. Der Ausdruck bedeutet die Menge an Wasser (in ml), die im Zeitintervall [5; 20] durch den Wasserhahn fließt.

728. 62,5 l

729. z.B. $A = -\int_{-7}^{-6} f(x)\,dx + \int_{-6}^{0} f(x)\,dx - \int_{0}^{4} f(x)\,dx$

730. C, E

731. A, B, E

732. **a)** $-148{,}5\,m/s^2$; 0,96 m

b) Die Flächeninhalte müssen gleich groß sein, weil das Auto in beiden Fällen von 50 km/h abgebremst wurde.
Man müsste sich 80 Hanteln auf die Brust legen.

c) 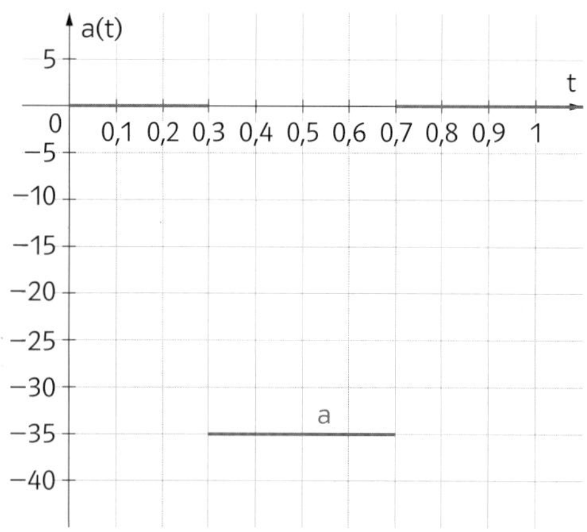

HIC-Wert ≈ 2900

733. **a)** Im Zeitraum vom 4. August 2014 bis 16. Februar 2015 stieg die Zahl der Krankheitsfälle im Mittel um rund 110 Menschen pro Tag.
Die mittlere Änderungsrate der relativen Anteile der Todesfälle an der Anzahl der Krankheitsfälle pro Tag beträgt in diesem Zeitraum rund –0,00218. Das negative Vorzeichen bedeutet, dass der relative Anteil der Todesfälle an den Krankheitsfällen gesunken ist. In der Graphik erkennt man das z.B. daran, dass der Unterschied in den Anzahlen der Krankheits- und Todesfälle im Lauf der Zeit immer größer wird.

b)

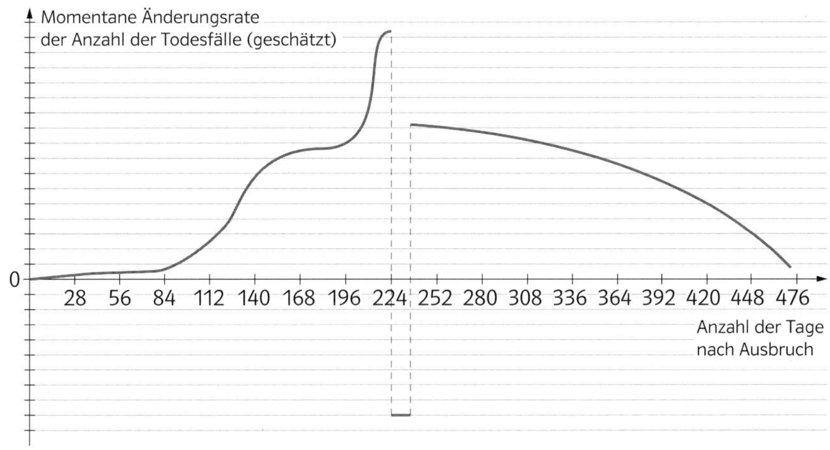

Die Anzahl der pro Tag neu hinzugekommenen Krankheitsfälle wurde ab dem 238. Tag nach Beginn der Aufzeichnungen kleiner. Das entspricht dem 10. November 2014.

11 Maturavorbereitung: Wahrscheinlichkeit und Statistik

Für alle Aufgaben stehen Online-Lösungen zur Verfügung.

Kapitel 11
r4r76a

734. B, C, D, E

735.

	Größe $34 \leq G < 38$	Größe $38 \leq G < 40$	Größe $40 \leq G < 42$	Größe $42 < G \leq 46$
relative Häufigkeit	0,4	0,3	0,2	0,1

736.

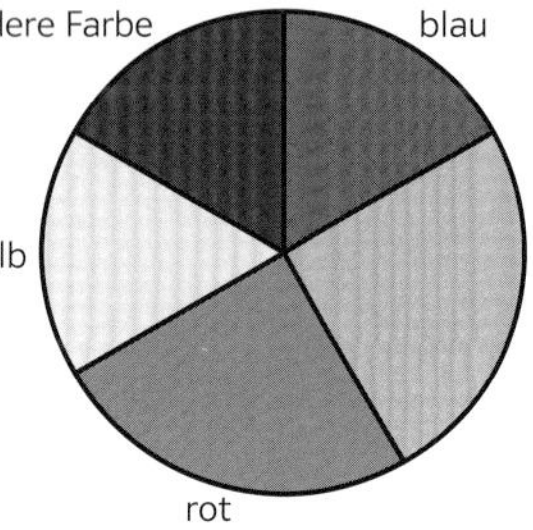

737. $\approx 2{,}94$ €/kg

738. A, C

739. $M = 1{,}5$; $q_1 = 1$; $q_3 = 3$

740. $\approx 7{,}91$

741. Die Lehrerin sollte den Median verwenden. Begründung: Schul-Noten sind ein ordinales Merkmal. Das arithmetische Mittel ist nur bei metrischen Merkmalen (Skala) sinnvoll, der Median ist auch bei ordinalen Merkmalen zulässig.

742. (1) das arithmetische Mittel (2) wird kleiner

743. 16

744. $\Omega = \{(A, B, C); (A, C, B); (B, C, A); (B, A, C); (C, A, B); (C, B, A)\}$

745. E: Es wird die Augensumme 7 gewürfelt.

746. E: Es werden nicht zwei Mädchen ausgewählt.
oder
E: Es wird mindestens ein Bub ausgewählt.
oder
E: Es wird höchstens ein Mädchen augewählt.

747. $E = \{\}$

748. 1D, 2B, 3E, 4F

749. 0,4

750. B

751. 0,86

752. (1) mindestens ein Gerät in Ordnung (2) $1-0{,}07^2$

753. Z.B.: E: Es wird nicht genau einmal ein Sechser geworfen.

754. 1C, 2D,3E, 4F

755. E: Eine Person hat den Rhesusfaktor positiv.

756. D,E

757. $\binom{17}{8}$ ist die Anzahl der verschiedenen Achtergruppen, die aus den 17 Mädchen gebildet werden können.

758. $\binom{n}{k}=\frac{n!}{k!(n-k)!}=\frac{n!}{(n-(n-k))!(n-k)!}=\binom{n}{n-k}$

759. 1B, 2A, 3D, 4C

760. A, C

761. $\binom{300}{5}=19\,582\,837\,560$

762. −5; 25

763. $P(X=2)=\frac{2}{12}=\frac{1}{6}$ $P(X=3)=\frac{4}{12}=\frac{1}{3}$ $P(X=4)=\frac{6}{12}=\frac{1}{2}$

764. $E(X)=15$; $\sigma=5$

765. D, E

766. $P(X=0)=0{,}512$
$P(X=1)=0{,}384$
$P(X=2)=0{,}096$
$P(X=3)=0{,}008$

767. 1A, 2C, 3E, 4B

768. B, D, E

769. 0,0492

770. C, D, E

771. (1) 2n und 0,5p (2) μ

772. 3,5

773. C

774. 36

775. 0,5

776. [55; 95]

777. 0,0129

778. 1F, 2B, 3C, 4A

779. B, C, E

780. [0,700; 0,756]

781. 94,3 %

782. A

783. 16 589

784. 1 C, 2 B, 3 F, 4 D

785. **a)** Man berechnet damit die Wahrscheinlichkeit, dass bei dreimaligen Werfen eines Astralagus in einer bestimmten Reihenfolge einmal ein Einser und einmal ein Vierer und einmal kein Dreier geworfen wird (z. B. zuerst ein Dreier dann ein Vierer und dann kein Dreier).
P(drei Vierer und zwei Sechser) = 0,005

b) $P(X=1)=0{,}16$; $P(X=2)=0{,}07$; $P(X=3)=0{,}21$; $P(X=4)=0{,}25$; $P(X=5)=0{,}12$; $P(X=6)=0{,}19$
Erwartungswert: 3,67

c) Fünfer 11-mal und Sechser 67-mal

786. **a)** Mittelwert = 113; Median 122,5
Man könnte z. B. zweimal den Mittelwert (= 113) dazufügen.
Dadurch ändert sich der Mittelwert nicht, und die Liste hat jetzt zusätzlich zwei Daten mit der Abweichung null vom Mittelwert, also wird die Standardabweichung kleiner.

b) $P=0{,}105$
P(Mann | Nichtraucher) = 0,425

c) [0,31; 0,41]
(1) n verkleinert (2) γ vergrößert

Für alle Aufgaben stehen Online-Lösungen zur Verfügung.

Kapitel 12
7bi4zn

787. **a)** Man erkennt in der Graphik, dass im Bereich kleiner Energien ein bestimmter Energieunterschied ΔE zu einem größeren Unterschied im Helligkeitsempfinden führt als im Bereich großer Energien. Das bedeutet, dass der Mensch Helligkeitsunterschiede umso schlechter wahrnehmen kann, je heller ein betrachteter Gegenstand ist.
D

b) $N(T) = \frac{26}{15} \cdot T + \frac{52}{3} \approx 1{,}73 \cdot T + 17{,}3$.
Die Zahl 17,3 bedeutet, dass bei einer Temperatur von 0°C ca. 17 Nervenimpulse pro Sekunde auftreten. Die Zahl 1,73 bedeutet, dass sich die Anzahl der Nervenimpulse pro Sekunde mit steigender Temperatur im Mittel um ca. 1,7 Impulse pro °C erhöht.

788. **a)** Die mittlere prozentuelle Abnahme im Zeitraum von 1995 bis 2013 beträgt rund 10% pro Jahr. Die Anzahl wird in ca. 3,8 Jahren, also im Jahr 2016, auf sechs Kinder gesunken sein.

b) Die Anzahl der bei Verkehrsunfällen verletzten Radfahrer sank zwischen 2007 und 2010 um ca. 313 Personen pro Jahr.
Die Graphik gibt ein verzerrtes Bild der Realität wieder, weil die 2. Achse erst bei 4000 beginnt. Dadurch erscheinen die Abnahmen verhältnismäßig größer als sie es sind.

c) Im Jahr 2010 mussten 4234 Kinder aufgrund eines Fahrradunfalls ins Spital eingeliefert werden. Die Wahrscheinlichkeit beträgt rund 33,69%.

789. **a)** $s \approx 69\,\text{cm}$; $v \approx 0{,}895\,\text{m/s}$

b) $a_1 = 0{,}175$; $b_1 \approx 5{,}48$; $a_1 \cdot \sin(b_1 \cdot t + \pi) = a_2 \cdot \sin(b_2 \cdot t)$

c) Der Ausdruck bedeutet die momentane Änderung der Auslenkung pro Sekunde zum Zeitpunkt t_1.
Die mittlere Geschwindigkeit v_E eines Erwachsenen beim Bummel ist $\frac{s}{2\pi \cdot \sqrt{\frac{l}{15}}}$.
Wenn s und l eines Kindes nur halb so groß sind, ist dessen mittlere Geschwindigkeit
$v_K = \frac{\frac{s}{2}}{2\pi \cdot \sqrt{\frac{l}{2 \cdot 15}}} = \frac{1}{2} \cdot \frac{s}{2\pi \cdot \frac{1}{\sqrt{2}} \cdot \sqrt{\frac{l}{15}}} = \frac{\sqrt{2}}{2} \cdot \frac{s}{2\pi \cdot \sqrt{\frac{l}{15}}}$. Und das ist $\frac{\sqrt{2}}{2} \cdot v_E$.

790. **a)** $E(x) = 4{,}92 \cdot x$. Der Zahl 4,92 bedeutet, dass der Preis für ein Handycover 4,92 Euro beträgt.
$\overline{K}(x) = 0{,}04 \cdot x + 0{,}4 + \frac{52}{x}$; $\overline{K}(50) = 3{,}44\,€$

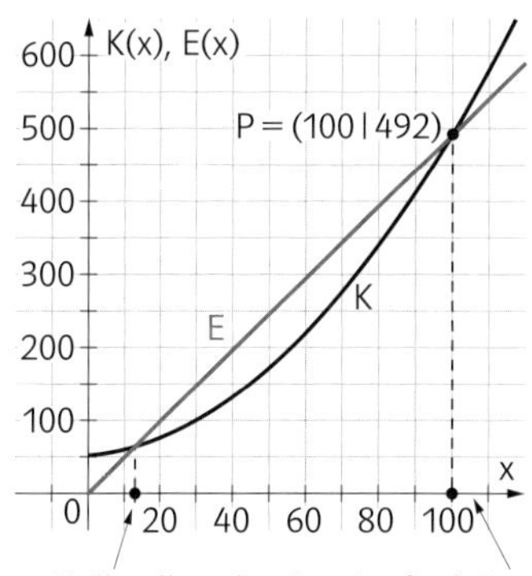

Nullstellen der Gewinnfunktion (E = K)

b) Nullstellen der Gewinnfunktion G: bei x = 13 und x = 100.
Bei einer Produktionsmenge von 13 Stück und 100 Stück macht der Hersteller weder Gewinn noch Verlust. Die Kosten und der Erlös sind gleich.
Am meisten Gewinn macht der Hersteller bei einer Produktionsmenge von 57 Stück.

c) Der Hersteller müsste den Preis eines Handycovers auf 5,63 Euro erhöhen.
B, C

791. **a)**

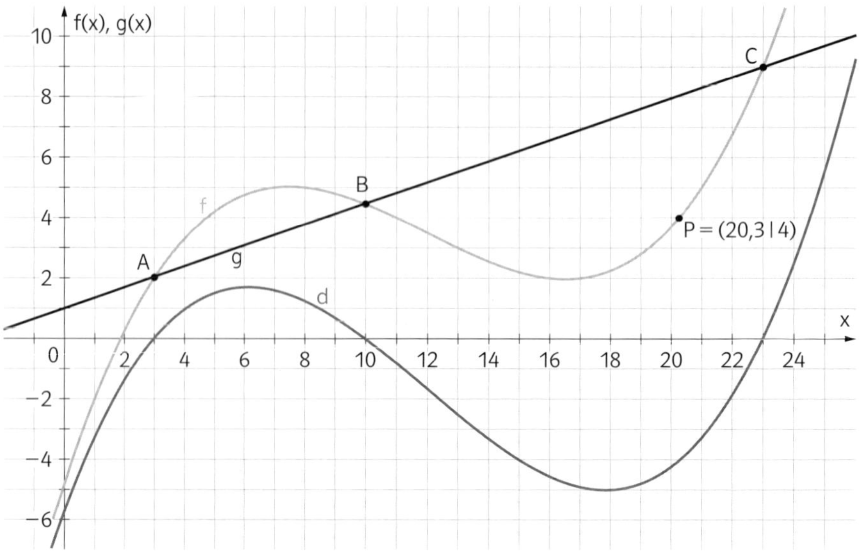

Die Zahl −33,3 bedeutet, dass der Flächeninhalt des zweiten Flächenstücks um 33,3 Flächeneinheiten größer ist als jener des ersten.

b) D; Der Flächeninhalt der kleineren Fläche beträgt ca. 7,86 Flächeneinheiten.

c) Man wählt z. B. $a = 11$. Dann gilt $f(11) = f(20{,}3)$, denn $f(11) = 4$. Eine passende Stelle $m \in [11; 20{,}3]$ ist ca. 16,5, denn hier gilt $f'(16{,}5) = 0$ (Tangente waagrecht).

792. **a)** Relativer Anteil der an einer Staubmilbenallergie leidenden Personen in der Gesundenuntersuchung $= \frac{32}{246} \approx 0{,}13 = 13\,\%$; relativer Anteil in der Gesamtbevölkerung $= 6{,}3\,\%$. $6{,}3 \cdot 2 \approx 13\,\%$
Das arithmetische Mittel der prozentuellen Anteile nach Altersgruppen bei Männern (19,5%) stimmt mit dem prozentuellen Anteil in der Gesamtbevölkerung (21%) nicht überein, weil vermutlich nicht in allen Altersgruppen gleich viele Personen untersucht wurden.

b) P(Pollenallergie bei Frauen und Diagnose durch Hausarzt) $= 0{,}01919 \approx 2\,\%$.
$P(X \leq 2) = 0{,}9841$

c) [0,269%; 3,796%]
Die Wahrscheinlichkeit, dass die Stichprobe bei der Gesundenuntersuchung auf ein Konfidenzintervall geführt hat, in dem der relative Anteil der an einer Sonnenallergie leidenden Personen in der Gesamtbevölkerung liegt, beträgt 95%.

793. **a)** $F \approx 1\,008\,314\,N$;
A, D, E

b) $F'(r) = -2 \cdot G \cdot \frac{m \cdot M}{r^3}$. Da die Größen G, m, M und r alle größer als null sind, ist F′(r) kleiner als null.

Das negative Vorzeichen bedeutet, dass die Kraft mit steigendem Abstand r vom Erdmittelpunkt geringer wird.

c) $E = \int_{r_1}^{r_2} F(r)\,dr$;

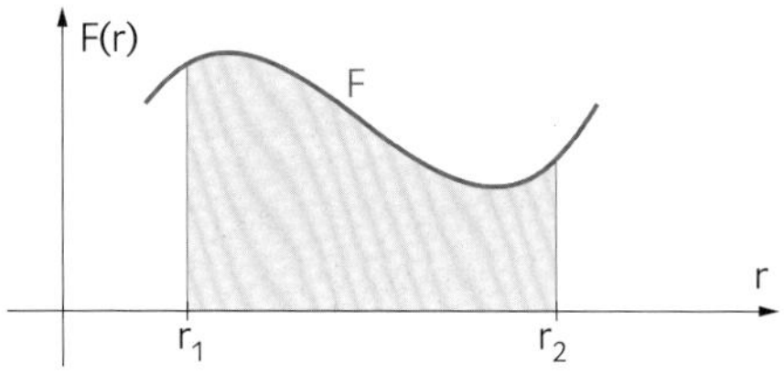

794. **a)** Für den gesuchten Vektor Δv muss gelten: $\overrightarrow{v_{vorher}} + \Delta v = \overrightarrow{v_{nachher}}$:

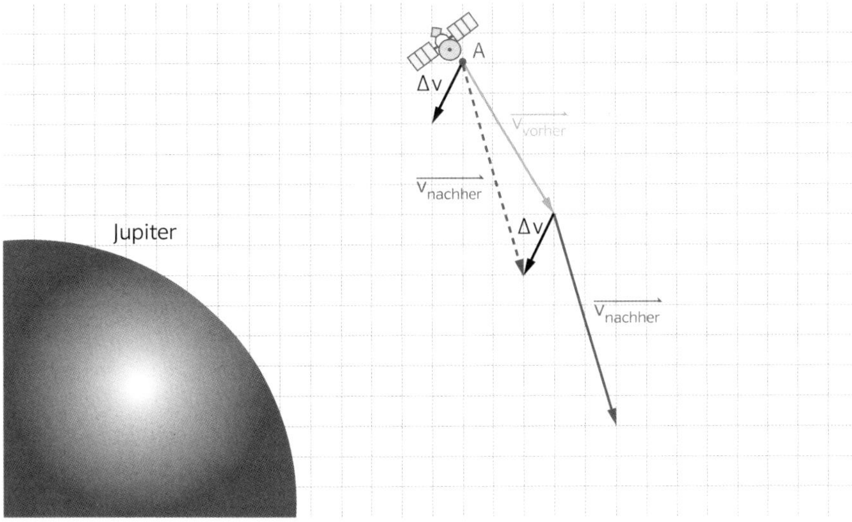

Der Vektor $\overrightarrow{v_{nachher}}$ ist länger als der Vektor $\overrightarrow{v_{vorher}}$. Der Betrag der Geschwindigkeit nimmt also zu und die Sonde wird damit beschleunigt.

b) B, E
Das Vorzeichen von $v'(8)$ ist positiv, da sich die Geschwindigkeit der Sonde durch den Planeten erhöht.

c)

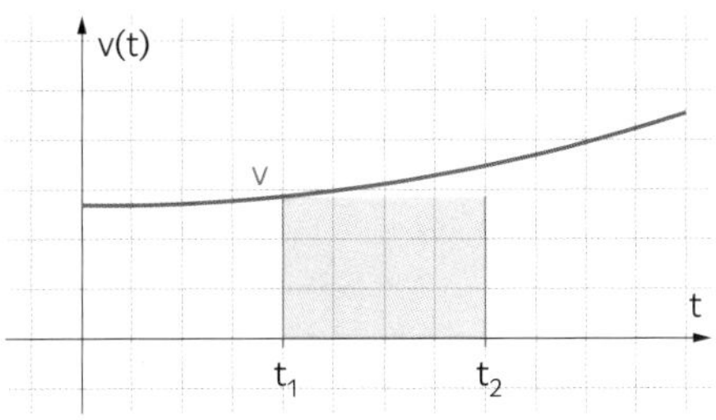

Der Ausdruck $v(t_1) \cdot (t_2 - t_1)$ gibt den Weg an, den die Sonde im Zeitintervall $[t_1; t_2]$ zurücklegen würde, wenn sie die ganze Zeit mit der Geschwindigkeit unterwegs wäre, die sie zum Zeitpunkt t_1 hat.
Die Sonde legt in den ersten zehn Stunden 550 800 km zurück.

795. **a)** $N(t) = 1\,306\,313\,812 \cdot 1{,}00506\,377^t$
$N(25) = 1\,482\,135\,785 \approx 1{,}5$ Milliarden im Jahr 2030.
Die Prognosen der chinesischen Regierung entsprechen eher dem exponentiellen Wachstum.
Zwischen 2002 und 2005 kann die Bevölkerungszahl Chinas näherungsweise durch eine einzige Exponentialfunktion angegeben werden, weil hier der Prozentsatz des Bevölkerungswachstums annähernd konstant ist.

b)

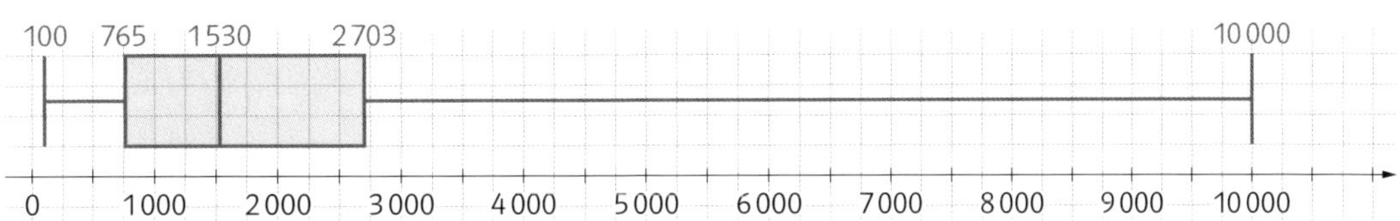

In diesem Fall eignet sich vermutlich der Median besser zur Berechnung eines Durchschnittswerts, weil es laut Angabe in China nur einige wenige Menschen gibt, deren Einkommen sehr hoch ist. In der Berechnung des arithmetischen Mittels werden alle Einkommen gleichermaßen berücksichtigt, wodurch sich ein zu hoher Wert ergeben würde, der nicht so repräsentativ für die Situation der Menschen im Land wäre.

Lösungswege 8

Lösungen

ISBN 978-3-209-08477-4

www.oebv.at

ISBN 978-3-209-08477-4

9 783209 084774